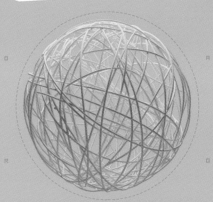

陈 威／著

入门篇

CG 造型基础与创作

文化藝術出版社
Culture and Art Publishing House

图书在版编目（CIP）数据

CG造型基础与创作. 入门篇 / 陈威著. -- 北京：
文化艺术出版社, 2019.8

ISBN 978-7-5039-6747-4

Ⅰ.①C… Ⅱ.①陈… Ⅲ.①三维动画软件 Ⅳ.①TP391.41

中国版本图书馆CIP数据核字(2019)第153993号

CG造型基础与创作 入门篇

著　者	陈　威
责任编辑	田　甜
书籍设计	赵　蠡　姚　甜
出版发行	文化艺术出版社
地　址	北京市东城区东四八条52号（100700）
网　址	www.caaph.com
电子邮箱	s@caaph.com
电　话	（010）84057666（总编室）　　84057667（办公室）
	（010）84057696—84057699（发行部）
传　真	（010）84057660（总编室）　　84057670（办公室）
	（010）84057690（发行部）
经　销	新华书店
印　刷	北京荣宝艺品印刷有限公司
版　次	2020 年 2 月第 1 版
印　次	2021 年 4 月第 4 次印刷
开　本	787 毫米 × 1092 毫米　1/16
印　张	18.75
字　数	380千字
书　号	ISBN 978-7-5039-6747-4
定　价	118.00 元

目录

导读

在本书的第1章（即"学习前的准备工作"）里，我列出了学习者在各个阶段容易出现的学习障碍。其中一些障碍产生的原因是不恰当的练习方法，另一些则与心理因素相关。排除这些学习障碍将使你轻装上阵，获得更高的学习效率。

我也将告诉你我对于"基础问题"的看法，对目标有一个正确的认知，是达到它的前提条件。同时，我还会给你一些通用性质的学习建议，你可以把这些学习思路运用在本书任意章节的课题中，它们曾经帮助我在 CG 自学上获得了相当大的进步，相信对于你来说也不会例外。

之后的内容里，我们将从科学的观察与对比方法开始学起，养成好的观察和对比习惯，无论对审美能力的培养，还是掌握扎实的塑造和构成能力都大有裨益；随后，主要的学习目标将落在结构和透视问题上，结构和透视是写实造型的前提，也决定了你能否更轻松地搞定光影和色彩；关于设计基础，我也将在这一章里和你探讨审美与构成方面的问题，抽象构成的好坏与一个作品的品质息息相关；本书的最后一个部分，我们将从更科学的角度来谈论"素描问题"，你将学会如何使用明暗调子来表现自己的想法。不仅如此，你还将学到在创作中实用性爆表的黑白分阶图的画法。

第1章
学习前的准备工作

关于 CG 绘画的学习，你认为最能影响进步速度的阻碍因素会是什么？

是欠佳的天赋？

是不良的现有基础？

还是对软件功能或表现技法的掌握和操作太过生疏？

在我看来，这些都不是。好吧，它们也许是阻碍因素之一，但我向你保证，它们绝对不会是影响最大的那些因素。

影响你进步速度的主要因素有三个，分别是：

· 你在 CG 绘画学习上的心理素质，或者心理建设；

· 是否找到了科学且适合你的学习方法；

· 练习量的积累是否足够。

处理好这三个问题，获得进步就不会是很困难的事情了。

在本章节中，我将和各位探讨你们已经（或将要）产生的各种常见疑问和拖垮学习效率的焦虑情绪。作为同道中人，你们所遭遇的大多数学习困境，我都曾经遭遇过。因此，我相信，我基于经验归纳总结出来的应对方法，可以在不同学习阶段中帮助你达成可靠的心理建设，并提供一些有实际意义的指导。

我也将告诉你应该如何正确使用这本书，这些使用说明将有助于你找到适合自己的学习方法，也会为你的学习进程指出一个较为明晰的方向。

至于练习量的积累……我想我真的帮不上什么忙，这甚至和刻苦没有什么必然的关系，它完全取决于你对 CG 绘画设计的热爱。

一、学习的心理建设

（一）零基础阶段

对于刚刚接触 CG 绘画，几乎没有绘画经验的人来说，最大的疑惑莫过于自己是否适合学习绘画和设计，以及 CG 绘画是否具有科学的学习方法了。

1."我是否具有学习绘画和设计的天赋呢？坦白说，我实在很介意这一点。"

我不介意和你分享我对于"天赋"的看法。

首先，我们必须承认，天赋是存在的。无论是下围棋，还是百米短跑比赛，每个参与个体在先天素质方面的差异都是存在的。设计和绘画也不例外，例如，有些人天生对形状和颜色更为敏感，这当然可以看作一种先天优势。

但是，重点来了，绘画和设计本质上仍然是技能，一种创造和表达想法的技能。而技能总是可以通过正确的方法和持续的努力而习得的。尽管任何技能要想做到登峰造极，或许都需要更多一些的天赋与灵感，但对于一般的商业应用工作来说，我个人不认为天赋比努力和方法更重要（更何况，商业美术上工作能力的高低，并不仅仅取决于美术技能）。

话说回来，如果你仍然特别介意天赋问题，始终耿耿于怀，甚至以此为借口逃避应该投入的努力的话，那最好还是不要选择去学习绘画和设计。背负着对自己的怀疑，你的技能提升之路将会走得非常痛苦。

总之，既然天赋的好坏无法改变，那就别太在意它了，放下包袱，轻装前行吧。

2."CG 绘画看起来总是很玄，真的存在科学系统的学习方法吗？"

绘画和设计是否像玄学一样不可捉摸，无法系统学习呢？

当然不是。

你需要了解的是，CG 绘画更多被应用于商业美术领域，而非被应用在不易定性的纯艺术上，这一点非常重要。

商业美术相对于纯艺术而言，在信息传达和表现逻辑上，都需要更为明晰（因为要便于观众的理解）。满足这个需求的诸多要素，包括设计构成、透视、光影、色彩和质感表现等都存在一定的客观规律，它们当中的不少知识，都具备了心理学或物理学方面的理论支撑。借由对客观规律的掌握，就可以提升我们在视觉信息传达上的表现力。

因此，请相信，CG 绘画和设计终归也就是一门技艺而非玄学，它是可以通过科学的方法习得的。

（二）新手阶段

对于已经着手学习 CG 绘画，开始练习或尝试创作，但绘画经验尚不丰富的新人来说，阻碍他们静心练习的大多数是心理方面的原因。

1."我认为打好基础一定有一条轻松又快速的捷径，只是我一直没找到它。"

关于"美术基础是否可以速成"这个问题，你恐怕很难从我这儿得到你所期望的答案 —— 美术基础是不可能速成的。

或者说，无论在任何专业的领域，只要是"基础"，就不可能速成。

不知道你是否发现这样一件有趣的事情：重要的道理听起来总是特别简单。比如，"注意整体观察"，这句话中的每个字你都认识，甚至大体也明白它的意思。但是，要做到在实际操作中恪守整体观察的行为和思考方式，却绝非易事。基础阶段就充满了这类听起来简单却非常重要的问题，因此不可能速成。

如果你仍然还是难以理解"为什么道理明明听懂了，在实际中却用不出来"这种现象，我可以举一个很好理解的例子。

你仰着头，看着攀岩运动员在峭壁上游移自如，你当然能把那些攀岩动作看得很明白，但强悍的身体素质才是达成那些动作的基础，而这种基础显然需要你花费许多精力与时间才能达成。

那句俗套的话简直没法儿更对了："只是脑子或眼睛明白是不够的，你需要练习直到你的手都明白了，才算真的明白。"

因此，放弃在基础阶段速成的不现实的念头吧，心浮气躁走的弯路将会更多。

2."我的拖延症很严重，坐不住，几乎无法静心做练习。"

有拖延症，坐不住，心也静不下来又该怎么办呢？

放心，直到现在为止，我也还有这样的毛病，好在我已经找到了一个简单的方法来克服它。这个方法甚至简单到听上去有些不太靠谱。

当你犯了拖延症，感到烦躁，觉得很多准备工作还没有做好的时候，先别想太多，请像个白痴一样坐下来，拿起笔，打开画布，先坚持画上15分钟，哪怕只是没有意义的涂鸦。

我利用这个看起来很离谱的方法克服了无数次的拖延症和灵感枯竭，以至于有个时期我觉得自己发现了一个了不得的秘密。当然，现在看来，这也还是有着科学理论依据的 —— 不仅状态能够影响行为，我们也可以通过强制的行为反过来改善状态。

听起来显得非常牛，而且事实正是如此。

一般情况下，当你强制自己画上十来分钟之后，你会发现继续画上一两小时就并没有那么困难了，不信的话，试试看吧。

3.“我觉得自己有很多想法和创意，但表现不出来，很苦恼。”

另一些同学的困惑是：觉得自己的想法特别好，只不过是受制于手头技术的不成熟而未能将想法进行很好的表达。于是，一边无法面对自己画得烂，一边又总觉得自己想法好，拉锯战的结果就是，他根本就不怎么画，当然就谈不上进步了。

这个问题又怎样破呢？

事实上，我们大脑里的想法从来都不像你所认为的那么清晰和确定（即便是高手也是如此）。就我个人经验而言，很可能这个想法中的某个创意点是新颖的，却并不相融于一个完整的创作，甚至很多使用文字或语言描述起来显得非常牛的形象，真正被实现出来的时候，和你最初大脑里的想法却是大相径庭的。总之，你以为的很牛的想法并不见得可靠。

那么，真正可靠的是什么呢？

要判断视觉创作是否满足了某种信息传达的效果，依据当然只能是你的作品，而不是你的文字或语言描述。换句话说，你所画出来的，就是你所想出来的。要证明自己想法很好，就应该尽可能去画出来让自己和别人看到，即便画得不是那么好，那也是一种积极尝试表达的态度。而不是用“想法好但手头不行”来逃避练习，在视觉创作领域，没有被视觉化实现出来的想法是没有说服力和价值的。

4.“我相信‘10000小时定律’，相信努力就有回报，可是却没有什么明显的进步。”

当你尝试开始做一些练习，就标志着你已经进入“实践者”的行列了。你希望自己的努力能够带来更多的回报，但现实却事与愿违，这经常让你感到非常迷茫。

“10000小时定律”是畅销书作家马尔科姆·格拉德威尔在《异类》一书中所描述的他的发现。大致的意思是，理解或掌握任何一种知识或技能，都需要持续相当的时间（如10000小时）进行积累，才足以使初学者成为该领域的专家。

任何知识和技能的掌握，都存在一个“由量变到质变”的过程，这是对的。但是，如果你认为“只要凑够10000小时的练习”，你就能变成专家，结果多半是要令你大失所望的。

下面这句话非常重要：

“只有重复、耐心地进行‘可以不断查漏补缺’的练习，才能算是有效的刻意训练。”

你至少要具备两个条件：

你需要知道当下练习的主要问题出现在哪里（即可检验）；

你需要使用有针对性的练习方法，去改善和解决这些问题（即可改善）。

如果只是没头没脑地一遍一遍重复带有同样错误的练习，可想而知，这样努力的意义几乎可以忽略不计。

5."我认为'原理'非常重要,我不想在没搞明白之前就懵懵懂懂地开始做练习,那会使我走弯路的。"

与之前所述的"没头没脑"型学习者相比,"先把一切原理都给搞明白"或"没有量化、不够精确就不安心"型学习者则走入了另一个极端,这同样也不利于进步。

虽然我们提倡按科学的客观规律来学习 CG 绘画,但绘画和设计毕竟不是数学,尤其在审美的问题上,整体关系的重要性是远远大于画面某一局部,或者画面某一指标上的精确值的;同时,受制于人类大脑擅长定性而非定量的特性,我们在分析具体问题时,很难像机器一样在短时间内计算出精确的答案,这不仅不可能,同时意义也不大。要知道,成熟设计师和插画家的厉害之处,总是在于他们更擅长把握造型或画面的对比关系。

从学习方法论上来看,一边大胆地进行实践,一边涉猎必要的理论作为辅助,相辅相成,这样才能达成有效的进步。

(三)熟手阶段

大多数到达"熟手"段位的学习者,应该都收获过努力的成果。但是,令很多人感到郁闷的是,不知在什么时候,自己的进步速度开始变得很慢,甚至好像很久都没有进步过了,这是为什么,又应该如何破解呢?

1."在初学阶段我的进步速度飞快,可是现在为什么却越来越慢了?是江郎才尽了吗?"

任何一种知识和技能,在达到较高水平之后,想要获得持续的进步就变得更不容易,需要付出更多的时间与精力。"百尺竿头,更进一步"总是更难而不是更容易,这是事物发展的客观规律。

在练习方向正确的前提下,我认为没有必要过分焦虑"在画得不错之后进步变慢"这个问题,适当地拉长对自己是否进步的观察周期,也许可以缓解你这方面的焦虑。

2."我一直努力地在工作中对已经掌握的技能进行反复实践,但是这好像对我的继续进步帮助不大。"

据我观察,很多已经画得不错的朋友,都已经进入了以绘画和设计为职业的状态。在繁忙的日常工作下,并不能保持相当数量的私人练习,这很可能是另一个进步速度变慢的原因。

一种技能获得进步,主要体现在两个方面:一是"之前不会的,现在会了";二是"之前会的,现在变得更熟练了"。而进步的本质在我看来,更多取决于前者。

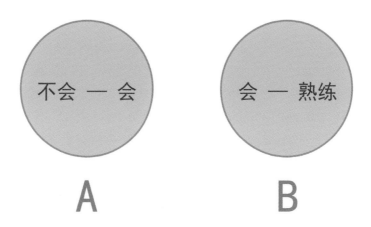

在学习的初期，由于你在绘画和设计的各方面都所知甚少，当你进行练习的时候，基本上都是在解决"不会—会"的问题。虽然那个阶段总是困难重重，但是只要克服了这些困难，进步无疑都是显而易见的。

而在工作状态下，你将很难处在以上这种有利于进步的学习场境中。这是因为工作中的实践，更多偏向于尽可能降低风险的输出—工作是在有限的时间里解决问题，因此，使用已经被证明可行的技能是一个明智的选择。如果你在工作里去尝试心里完全没底的操作的话，会增加失败的风险，这会使工作效率变得不可控。

如上所述，即便你在工作中获得了进步，也多数是偏向于"会—熟练"的进步。

因此，在工作之余进行一定量的私人练习，是你获得进步的必要条件。在这些私人练习中，你要提高作业的难度，进入你的非舒适区，尝试你没有画过的创作题材，尝试你没有用过的表达方法。这样，你才能重新获得"不会—会"的学习场境，也才有可能使你获得富有成效的进步。

二、基础认知和学习方法

（一）关于"基础问题"

既然这是一本帮助你改善绘画与设计基础问题的书，那么，首先你得了解所谓的基础究竟是什么。

"基础"究竟是什么呢？

是素描石膏几何体，是画在本子上的人体速写，还是你对照片进行的色彩临摹？

如果你竟然真的这么认为的话，那你可就错了。

在我看来，所谓的"基础"包含了两大知识块：一块是设计基础；一块是绘画基础。在接下来的内容中，我将尽可能简要地描述和分析它们，以及它们的子要素之间的关系，具体内容在本书的相应章节会分别详述。

1. 设计基础

对于任何一个设计而言，它都由两个部分组成：第一个是"内容"；第二个是"构成"。

内容是指一些具体的事物，比如具体的画面情节、具体的设计细节以及作品中的世界观（故事背景）等，合理的内容是一个好设计的必要条件，它有赖于相关参考资料的查阅以及你的知识积累。

构成在百科中的定义是"将形态元素按照视觉规律或审美法则作出的创造性的组合"。可以说，视觉审美基本上取决于构成。从设计的角度来说，即设计的审美取决于不同构成元素的组合，这些构成元素可以是点、线、面，也可以是不同的颜色，组合的方法包括衬托与粘连、大小、疏密关系以及对观众视线的引导，总之，构成是一种抽象的画面关系。

本书的核心章节，主要讲述设计基础中构成部分的提升方法与技巧。涉及相关知识的示范案例，则会帮助你提高关于内容和构成深度结合方面的认知。

2. 绘画基础

本书中所提及的绘画基础，可以理解为画面中具体事物的塑造（实现）方法，它包含了对物体在结构、透视、明暗、色彩与光的渲染以及质感方面的表现。

任何一幅完整的作品，无论是插画还是概念设计，都同时包含了"设计基础"与"绘画基础"这两个部分能力的体现，区别仅在于比例。

例如，一些设计图的表现重点在于交代造型，那么，合格的画面就会更倾向于做好构成安排，并使结构和透视尽可能还原设计师预想的效果，渲染方面的要求就不高；而另一些气氛类的设定则很讲究光影和色彩的真实表现。

在 CG 绘画的基础学习阶段，你可以根据自己的实际情况，选择将时间或精力倾向于"设计基础"或"绘画基础"中的一个。但我个人建议不要过分偏科，因为它俩并不是割裂的，更不可能因为某个做得太好了，居然对另一个形成了阻碍（某方面做得不够好，只是你疏于在该方面投入学习罢了，不要找借口）。相反，从某个角度看，两者甚至存在互相支撑的关系，关于这一点，我们将在具体的章节中继续讨论，此处暂不赘述。

（二）通用的学习方法

1. 学习模块的层级关系

对于"层级关系"这四个字的理解，在我的 CG 绘画学习经历中起到了不可替代的作用。毫不夸张地说，我在设计和绘画上所取得的进步，至少一半要归功于对此概念的贯彻应用。

那么，什么是层级关系呢？

基础知识的层级关系，可以理解为 ——不同的学习模块大体上有一个先后次序，先做好前一层级的铺垫，将有利于更好地掌握后一层级的内容。

例如：

设计基础方面的层级关系：明确信息传达的目的—视线引导、主次体的衬托和粘连—分割、疏密和大小安排。

绘画基础方面（此处指写实绘画）的层级关系：结构和透视—明暗和光影—色彩和光影—质感。

我们在学习的时候，如果没能相对扎实地做好前一层级，就匆忙进入后一层级的学习中，就很可能出现事倍功半的情况。

例如，结构问题还没被解决好的情况下，却希望先把光影和明暗调子给搞定，这就不太现实。因为物体表面的明暗，正是光在结构上的体现，没能正确地了解结构，明暗也将无从谈起。

但需要注意的是，往往某个学习模块不太可能通过有限的几次练习就达到完全合格，或者即便能做到合格，也需要相当长的时间。如此的话，按照上文中所说"相对扎实地做好前一层级，再进入后一层级的学习中"，我们岂不是几乎无法控制整个学习周期了吗？

别慌，办法是有的。

在具体操作的时候，我们可以通过"多轮循环"的方式，来提升一个基础训练中的各个学习模块。例如，当你能够把结构问题解决到60分之后（基本合格，这并不需要太长的时间），就可以先进入光影的学习，进而是色彩和质感，走完一轮之后，重新返回结构，通过单项训练，把结构提升到70分。如此反复循环，效率将会比较高，同时也可以最大限度减少学习过程中的挫败感和枯燥感。

嗯……你觉得这条路很漫长对吗？事实上基础问题确实就是没完没了的问题，谁也没有把握说自己的基础已经非常好了。

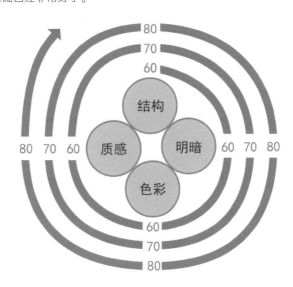

2. 单项练习与综合练习的配合

我们的日常练习大体可以分为两类：一类叫作单项练习；一类叫作综合练习。

"单项练习"是指，为了提高或改善某个学习模块（如结构）而进行的练习，完成这类练习一般不需要花费很多时间。在单项练习中，我们的目标是以"短、平、快"的多次重复训练，来有针对性地改善你的某一个技能短板。它的要诀在于，以大量的重复训练获得更多的反馈，根据反馈出来的问题作总结，并在下一次的练习中寻求改进的机会。

"综合练习"是指具有主题、明确的设计意图和完整的信息传达的练习，更接近于常规意义上的创作或作品。一个综合练习需要同时应用到多个学习模块里的专业技能，你也可以把它看作对单项练习训练成果的一种检验方法。

单项练习与综合练习的有机结合，可以提高进步的速度，具体的操作步骤和原理是：

先进行综合练习的尝试（一定要实践先行）—从中发现或客观总结出问题—有针对性地采用重复的单项练习对该问题做改善—再次进行综合练习（验证问题是否得到了改善）……不断循环，逐渐提升。

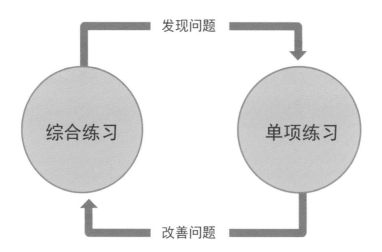

在操作过程中需要注意的是：

不要只进行单项练习，即便暂时画得还不好，也需要定期进行创作，保持创作欲望；

不要当"理论派"，要大胆地实践。问题浮现出来，你才能有针对性地找办法去解决它；

不要急躁，更不要指望一次性解决问题，即便方法正确，进步也是需要一定的时间的。

第 2 章
观察与对比

大多数绘画爱好者第一次体会到"观察与对比"的重要性，往往都来自他们在写生或临摹的过程中，出现了这样的问题 ——无法把对象的型或者颜色画准。

没错，我也不例外。

一、准确的意义

关于初学者是否应该在初学阶段，尽可能把写生或临摹画准这件事儿，一直是有争议的。

有人说：我们学习画画的技巧，是为了以后更好地表达想法和进行创作，我又不是为了要得到一张复制品，真的有必要在写生或临摹时，把对象画得那么准确吗？

我们在学习绘画的初级阶段进行临摹和写生，并不是为了得到一张复制品，精确地复制一幅画或现实中的物件并没有什么价值，我完全认同这个观点。

但是，在我看来，我们在临摹和写生时尽可能画准，并不是为了得到复制品，而是为了得到"复制对象的过程中产生的副产品"，也就是整体观察和对比的能力。这个能力是值得我们花费精力和时间去掌握的一个技能，而准确的写生和临摹则是判断这个技能是否已被掌握的一个标志。

逻辑很简单：如果你无法进行整体观察和对比，你就很难把一个对象给画准。

（一）把对象画准是有窍门的吗？不是靠天生的眼力？

是的，画准对象是有技巧的。在传统的美术训练里，学员们一般是通过对石膏几何体、静物、石膏头像、真人头像直至人体进行写生的方式，在难度逐渐提高的大量练习中，慢慢领悟一些观察和对比的技巧。

但是也有不少更科学和系统的方法可以帮助你加速掌握这一技能。当然，方法总归只是方法，重复训练是逃不掉的。

（二）如何进行整体的观察和对比呢？

我们先来看一个存在作弊嫌疑的方法：

在绘画知识还不完备的古代，不少匠人或画家想要对某个原作进行拷贝临摹的时候，会像下图中这样，先依据原作比例打一个网格。这样，在网格的不同位置就很容易找到一些参照点，如此就大幅度降低了拷贝的难度。

事实上，这种拷贝图形的方法至今还在被使用，一些画家在小草稿上绘制网格，以确保在大画布上放大图形时不发生错误。

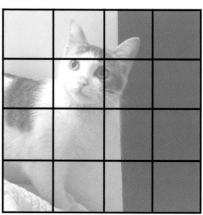

注意！我可没有让你们用这个方法去写生和临摹！但是，我们不妨想一想，为什么这种方法可以使你画得更准呢？

这是因为，框架格子强行使你进入了一种"抽象的对比"的状态。

你在观察带有框架格子的这张图片的时候，更多是在关注物体的各个部分与框架格子的位置关系。至于这是一只猫或一条狗，甚至是任何更复杂的图形，却完全不再需要惧怕了——用这种方法你可以画准任意复杂的图形，只要足够有耐心。

而这种抽象对比的观察方式，正是写生和临摹时画准对象的关键。只不过大多数时候，我们并不会把这个框架格子真的画出来而已。

那么，在不画出框架格子的情况下，应该如何进行"抽象的对比"呢？

以"如何打准型"为例，要进行抽象的对比，很重要的一点就是在观察时，做好观察层级的区分，举个简单的例子：

下图中，我把形状用颜色区分为三个观察层级 A、B、C。

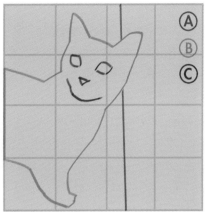

这三个观察层级互相之间的关系是：如果你画准了 A，就更容易基于 A 把 B 给画准；然后，当你画准了 B，就更容易基于 B 把 C 给画准——它们是有先后和重要性的排序的。

一般而言，先把与整个画幅关联较大的部分画对（如贯穿画面的长线条等），会有利于进一步画对细小琐碎的部分。总之，千万记住，打型的时候注意先大后小。

Tips：一个比较有效的判断大小层级的方法是这样的：

眯起眼睛（如果你有近视眼……摘掉眼镜就好），把对象看成下图右边的这个样子。

你会发现，此时过于琐碎的细节全都消失了。消失的这些都是相对不太重要的观察层级，可以先不去考虑它们，优先观察和对比眯眼时仍然可以辨识的部分。

另外，提一个常见的打型误区：

不少同学在写生或临摹打型的时候，总是在前期匆匆落笔。在 A 观察层级还未画得比较准确的时候，就进入了 B 观察层级的对比，由于 A 不正确，那么基于 A 的 B 必然也就不正确，最终整体造型严重偏差。

解决的方法是：

在 A 观察层级里，花更多的时间和耐心去作对比，尽量做得更准确一些，然后再进入 B 的观察层级。通常我建议初学者把1/3以上的时间花在最初大型的对比上。这样看起来虽然画得很慢，但是却比一开始随意下笔，结果整个临摹或写生过程都在不断修改造型来得更有练习价值。

下面，我将告诉你们一些把型和颜色画准的实用技巧。

二、形状的观察与对比

（一）包裹法

所谓的"包裹法"，顾名思义，也就是在自己的大脑里，假想物体被一个布袋给包裹起来的样子，仍以之前那幅猫咪照片为例：

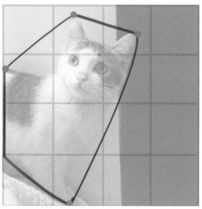

看，沿着物体较为突出的转折点（也就是图中的几个橙色的点），就可以确定出一个简洁的包裹。你会发现，确定这些橙色的重要的转折点的位置，比一开始就搞定所有细节要容易多了。

在打型的初期，使用"包裹法"，可以高效地定位物体的基本位置和比例，这将为更多细节的准确定位打下一个好基础。

在"包裹法"中，那些橙色的转折点是至关重要的，我们必须优先画对它们的位置。有两种常用的对比方法可以帮到你，它们分别是"估算比例"和"十字线"。

1. 估算比例

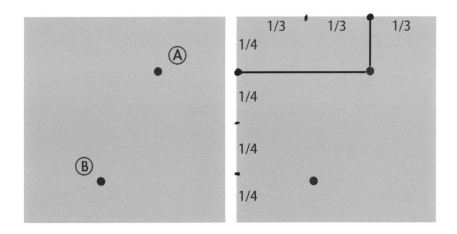

如果我希望在右边的画布中，复制出左边图中 A、B 两点的位置，可以借助画布的四条边作为参照。以 A 点为例，通过观察，确定 A 点的位置在画框横向 2/3 及纵向 1/4 的交界处。

你应该发现了，本质上此时我们用到的就是前文中的网格概念。

也许你看到数字就头痛（放心，我数学也不好），但基于比例的对比方式是绕不过去的弯。在自学的初期，这将高度考验你的耐心。但好消息是，一旦你通过认真对比提高了眼睛估算比例的能力，这件事将会变得无比自然，之后也就无须耗费额外的精力了。

Tips：不要像我在示意图中做的那样，把比例画在画布上，你要在大脑里虚拟这个对比过程，然后直接画出那个点的位置。

2. 十字线

"十字线"可以帮助你定位一些线条和转折点的相对位置，看下图：

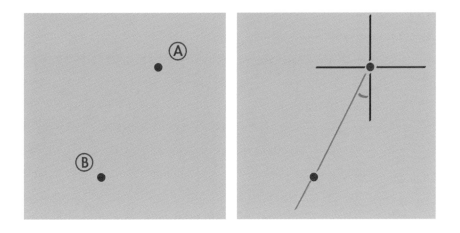

当我们通过估算比例确定了 A 点的位置之后，如何以 A 点为参照，定出 B 点的位置呢？

你可以在大脑里虚拟一个"十字线"，这个十字线的中心被定位在 A 点上，此时，B 点相对于 A 点就有了一个坐标系。根据图中橙色线条与十字线的角度估算，你就可以判断出 B 点相对于 A 点的位置了。当然，这种方法同样适用于判断一条线的倾斜度。

使用上述的两种方法，就可以确定"包裹法"中转折点的位置：

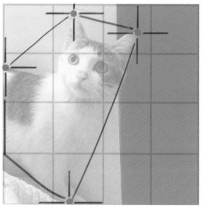

在确定了"包裹"的位置之后，我们可以使用同样的方法找到次要的转折点：

上图中蓝色的点就是次要的转折点。我们可以基于橙色的点，使用"估算比例"和"十字线"来定位出它们。由于已确定的参照物越来越多（画框以及橙色点），画出这些蓝色的次要转折点相对来说会更容易。当你画准了它们，你就会发现，这个型开始变得更接近对象原型了。

接着，继续找出那些更次要的转折点：

上图中这些绿色的点即是更次要的转折点，基于橙色点与蓝色点得出，确定它们是最简单的。做完这一步，猫的轮廓基本上就被确定好了。

请回忆以上的这些打型步骤，然后你想想：什么叫作"整体的观察和对比"呢？

整体的观察和对比，绝不是像下图这样，基于一个一个转折去描摹对象，这是错误的，这么做的话，你会发现不知不觉中，虽然你画出了很多微妙的转折，但整体大型的准确度已经尽数失去了，许多小的误差最终会堆积出一个严重走形的事故现场。

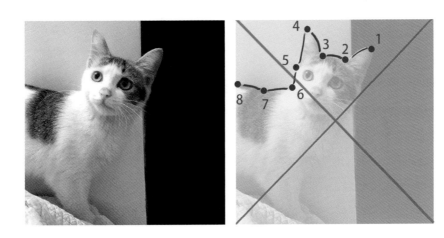

整体的观察和对比，应该像下图这样，基于对各转折点的重要性的层级区分，全面而逐渐地获得型的准确性。

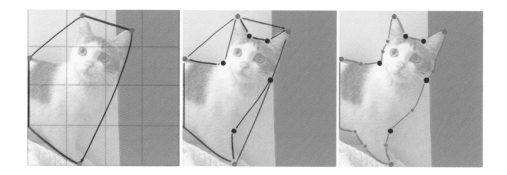

Tips： 在打型过程中，有几点需要注意：

（1）"包裹"的最重要的转折点的数量不应该太多，那会增加对比和判断上的困难。

（2）最初的点的准确度非常重要，因为此后小的转折都基于它们的位置。它们不准，后面的型就不可能准。因此，值得在最初的点上投入更多的时间和精力。

（3）耐心对比，耐心对比，耐心对比，重要的话应该说无数遍，直到整体对比的习惯变成本能。

除了上面提到的"包裹法"中的"估算比例""十字线"之外，还有两种方法也可以用来验证型是否准确，那就是"正负形"和"基本型概括"。

（二）正负形

"正负形"在现实中，通常指的是物体与衬托物体的空间所形成的图底关系。

上图是艾德加·鲁宾的作品《阴阳花瓶》，它很好地诠释了正负形的概念，当你把注意力放在浅色部分的时候，你看到的是一个花瓶；当你关注深色部分的时候，你看到的是两张侧脸，在你关注其中一个部分（正形）的时候，另一部分就变成了用作衬托的负形。

正负形这个概念放到打型里，可以理解为：如果负形是准确的，那么正形也一定是准确的，利用这个原理，可以检查自己是否画准了大型。

上图中半透明的蓝色形状，可以看作物体的负形，如果它们是准确的，那么物体的型也就是准确的。

（三）基本型概括

我们日常看到的一切物体，都可以视作一些基本几何形，或者是基本几何形的组合、切削和变形，基本几何形就是方形、三角形和圆形。

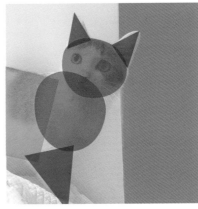

在观察对比的时候，先把物体看作基本几何形的组合，由于基本几何形相对容易把握（比较两个三角形的差异，可比两只猫耳朵容易多了），因此也可以在一定程度上降低打型的难度。

嗯……有些人可能会说，这不就是我们上幼儿园的时候使用的画图方式吗？

完全没错，很多人认为以几何形来看待物体是一种很幼稚的绘画技术，殊不知这反而是相当有格调的操作，换个你熟悉点儿的说法吧，这种操作就是概括。

三、色彩的观察与对比

关于画准颜色这件事，至少包含了两个议题：其一，怎样科学地观察单个颜色，并且准确地复制它；其二，如何在临摹或写生中进行取色实践。逐一来学习它们吧。

（一）辨别颜色与取色技巧

准确地在自己的画面上还原对象的颜色，是临摹和写生必备的技巧之一。当然，首要问题是如何准确地复制单个颜色。

复制的前提是定位，打个比方，你希望描述地球上的某个具体位置，最好的办法是确定那个位置的经度和纬度，颜色是否也有经度和纬度这样的概念呢？

是的，那就是传说中的"颜色三要素"，也就是色相、明度和纯度（纯度也被称为饱和度）。

1. 色相

色相可以被理解为色彩的相貌。类似于红色、绿色、蓝色等或者进一步细分为橘红色、黄绿色、蓝紫色等，色相是一种描述颜色的名词。

下图中，不同叶片带给我们的色彩印象的差异，就是颜色中色相的区别。

一切颜色都源自光，不同波长的电磁波呈现为不同的颜色，彩虹就是大自然呈现颜色的典型现象：

在 CG 绘画中，我们用以定位和选择颜色的拾色器，继承了光所呈现的色彩的色相。如果你认真观察，还会发现连色相的排序都与彩虹保持了一致，即红橙黄绿青蓝紫。

在下图所示色相条（或色相环）中移动滑块，可以定位一个颜色的色相。

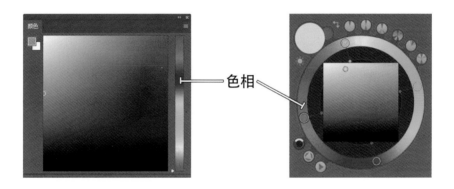

色相

2. 明度

明度即一个颜色的亮暗程度。下图中天空的颜色，可以分别被描述为深蓝和浅蓝，这里的"深浅"所表示的就是颜色的明度。

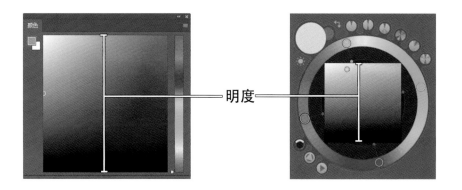

明度

在上图所示拾色区中纵向移动滑块，可以定位一个颜色的明度。

3. 纯度

纯度表示的是颜色的鲜艳程度，例如下图中玫瑰的颜色，可以被分别描述为鲜红和粉红，这里的"鲜和粉（或者鲜和灰）"表示的就是颜色的纯度。

在下图所示拾色区中横向移动滑块，可以定位一个颜色的纯度。

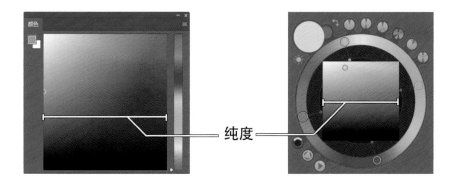

纯度

4. 辨色练习

通过调整色相、明度和纯度的值，或者移动相应的滑块，我们就可以定位任何想要的颜色。同样，当你观察一块颜色的时候，也应该主动地对这三个要素作出判断。

OK，现在开始做一个练习，尝试使用颜色三要素来观察下图中的这个色块：

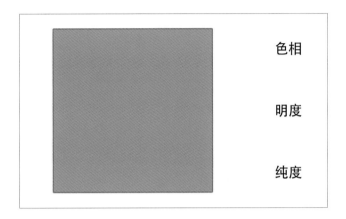

（1）色相

首先，请记住，在观察和判断一块颜色的时候，优先判断色相，而不是明度。这一点非常重要，养成优先判断色相的习惯，对后期学习色彩以及光色原理会有很大的帮助。

很多人在描述这块颜色的时候，会脱口而出：浅咖啡色！

然而，我要告诉你的是，"浅咖啡色"是一个不专业的色相描述，观察下图拾色器中的色相带：

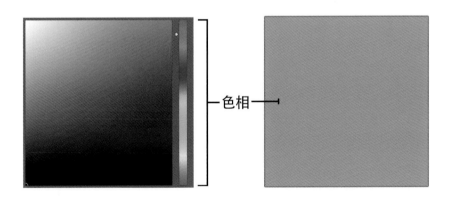

你会发现，在这个色相带中并没有"浅咖啡色"的色相。

事实上，你口中的"浅咖啡色"，是色相、明度和纯度分别处于某个值时所呈现的结果，它是对一个颜色的总体的感性描述，而不是对色相的描述。

在色相带中，有且只有"红橙黄绿青蓝紫"以及每两个相邻色相之间的过渡色相（如黄绿或紫红）。因此，在判断任何一块颜色的时候，你都应该主动判断它的色相处在色相带上的哪一个位置。

在这个案例中，通过观察，可以判断色相大致处在"橙色"附近。

（2）明度

我们可以像下图这样，把明度看作从1到10这样的10个色阶，其中1是纯黑，10是纯白。

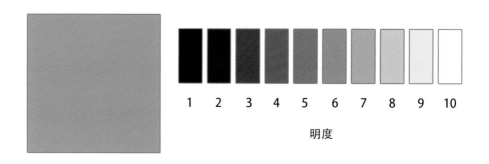

明度

然后判断这块颜色的明度大体处于明度阶的什么位置，当然，想要做到绝对精确是不可能的，但尽力去判断会提高你对明度的敏感度。

比如我们判断它处在7的样子，是一个中浅灰的明度。

（3）纯度

判断纯度可以略感性一些。通常如果你能把色相和明度判断到位，纯度也就比较简单了。观察这块颜色，你应该能够感受到它的纯度是偏低的。

以上，是对一块颜色三要素的观察程序。那么，在试图复制出这个颜色的时候，你也应该按照这个程序，在拾色器中，移动三要素的滑块，再现你的观察。

可是，问题就来了，如果一次找到的颜色不准，应该怎么办呢？

Tips： 如何拾色？以及如何纠正一次不准确的拾色？

首先，直接通过感性判断三要素的位置（无须苛求数值的精确性）；然后；这非常重要 —— 你要果断地、毫不犹豫地先把你选中的颜色画出来 —— 而不要在拾色器上过分停留。让自己直观地看到所找到的颜色和对象颜色之间的差异，是画准它的第一步。

举例：

显然，你选的颜色不太准，那接下来应该怎么办呢？

一定不要擦除之前的选色结果，抓耳挠腮忙着重新选色。你要学着通过调节颜色三要素，让调节的结果更接近于对象颜色，调节的流程与三要素的观察流程完全一样，要诀就一句话：通过对比，使滑块向正确的方向移动。

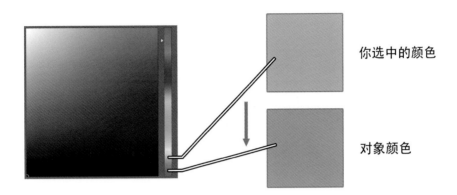

你选中的颜色

对象颜色

对比你所选的颜色和对象颜色，你应该能够感受到对象颜色"更趋向于红"，而你选中的颜色"更趋向于黄"，那么，使滑块向红端移动就是一个正确的方向。

接着看明度，相对于对象颜色来讲，你选中的颜色明度更高，那么，使滑块向更暗的方向移动就是一个正确的方向。

纯度方面也是同理。

总结：通过对比，发现正确的方向，然后移动滑块，使拾色变得更准确。

这不仅是一个纠正拾色的有效方法，勤于对比会使你对颜色的敏感度得到提升。当你通过努力，做到了比较准确地复制单个颜色之后，你也许又会冒出一个问题：

我们日常中看到的实物或照片，都并不是由一块一块单独的颜色组成的。很多时候，图像都是由异常丰富的颜色组成（如下图），难道我们必须一小块颜色接着一小块颜色去做无穷无尽的三要素对比吗？

显然不是！那不是傻子吗？

但如果你竟然真的这么想了，至少说明你开始了思考，是一件好事。接着往下看吧。

（二）眯眼观察

是的，又是眯眼观察。我没法儿更爱这个技巧了，眯眼观察可以有效地排除对整体影响不大的细节，从而使我们能够把注意力放在主要问题上，这将大幅降低绘画的操作难度。

看下图，这是一幅剧照，假如你希望对它进行临摹：

如果你缺乏绘画经验，我猜你甚至不知道该从何着手 —— 色彩太过丰富了，而且你越是睁大眼睛认真观察，色彩的变化就越显得微妙和细腻。

对于色彩的整体观察和复制，要诀并不在于能看到多少种颜色，而在于能否抓住重要的中间调子。

什么是中间调子呢？

让我们先眯起眼睛看这幅图片，它会变成下面这样：

当你眯起眼睛观察对象的时候，大量细小微妙的颜色消失了，很多颜色融合成了一整块色彩，或者是一整块色彩的渐变，这就是我们所需要的"概括观察"。

以下图中国王的脸为例：

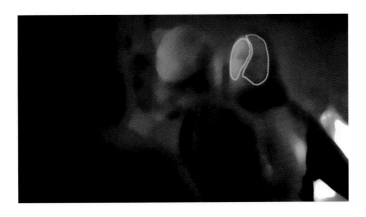

眯眼观察之后，国王的脸部变得似乎可以被两个基础颜色所概括 —— 这两块足以概括角色脸部的颜色，就是中间调子。

那么，在我们进行临摹的时候，也可以以这种观察思路着手绘画。

首先，眯眼观察对象，找到中间调子，忽略不必要的细微的颜色变化，直接大笔触先画出概括好的中间调子。

在深化的过程中，适当把视线变得清晰一些（略睁开眼的感觉），于是你会观察到相对细节和局部一些的中间调子，用略小一些的笔触把它们也给画出来。

进一步深化，把视线变得更清晰，观察到更多的颜色变化和细节，在之前的基础上，继续细分，依此方法，直至临摹完成。

Tips：在这个观察流程中，以下几点需要注意：

（1）最初的中间调子尽可能更大块一些，不要琐碎。换句话说，初期的笔触应该大一点，不要用许多小笔触去堆积一个大色块，直接使用大笔触去概括出数量有限的中间调子。

（2）初期一定要忽略那些不影响整体的细小对比和微妙变化。比如高光，虽然高光抢眼，但它并没有你想象得那样重要，可以后期再画。

（3）注意层级，画好前一步（更概括的状态），再开始下一步（更贴近对象的状态），这是一个步步为营逐步细分的过程，原理和打型其实是异曲同工的。

如果画到某个阶段，感觉不太对，再次眯眼观察整体的中间调子，然后用大笔触覆盖调整，不要试图修改细节来获得整体的准确，这多半都是无效的。

四、临摹训练

正如本章开头所说的那样，临摹是一个有用的绘画学习方法。通过临摹，我们可以快速上手一些必要的绘画技巧（也包括软件的应用），更重要的是，在临摹训练中，你将逐步建立整体观察和对比的意识，这些意识将在你的整个绘画生涯中发挥巨大的作用。

那么，如何使临摹训练变得更加高效呢？

（一）建立现实的心理预期

临摹是一个好方法，但临摹并不能解决所有的问题。

前面所述的种种观察和对比方法，以及如何把型和颜色画准的技巧，确实能够有效地帮助你更快地学会临摹，但最终你的目的应该还是学会创作，如何用图像表达自己的想法，而这些终极的目标，仅仅依靠准确复制型和颜色的临摹，是不够的。

因此，如果你已经能够比较顺利地完成临摹作业，却发现自己在创作中无法表现得像临摹一样好，不必低落，那只是代表你还需要掌握另外一些知识，进行另外一些练习而已。

（二）明确临摹的目的

初阶的临摹，在我看来更多在于养成整体观察和对比的习惯，掌握打型和选色的技能，以及通过"演习"式的作业流程，获得提高作品完成度的刻画经验。

需要注意的是，不同的人在临摹作业中希望提高的技能点，可能是不一样的。有些人希望通过临摹提高打准型的能力，有些人希望取色能够更加快速和准确，而另外一些人可能想提升细节的刻画能力。

目的不同，在进行临摹训练时的侧重点也应该不同。

假如你的目的在于提高打型能力：我就建议你花更多时间在临摹初期的对比上面，相对而言，"控制总体大型和大比例的难度"总是远远超过"把细节画得准确的难度"的。

假如你的目的在于提高取色能力，那么，你没有必要把一个临摹画得特别细致（按我个人的经验，画到60%的完成度即可），因为完成细节往往需要占用大量的时间，而"取色能力"更多表现在中间调子的概括和拾取上面。降低单个临摹作品的完成度，可以腾出更多的时间，进行多次侧重于大色块概括的临摹练习。

假如你的目的在于提高细节刻画能力：如果是这种情况，准备一段相对较长的时间，进行一次流程明确清晰、对比严谨、刻画细致的临摹是必要的。深入的临摹练习可以全方位巩固你的观察和对比技巧，提升你操作的熟练度，并且，这类作业还能让你变得更加有耐心。

总之，你要明确你临摹的目的，然后采取相应更有效率的方式去练习。

（三）"临摹"与"创作尝试"并行

一些人主张"先把基础打好，然后再开始创作"，对于这种观点，我只认同前半句。

我认为，即便你处在临摹还稍显吃力、基础欠佳的阶段，你也应该计划出一部分时间，进行你的创作尝试。

我亲眼见过下面这种情况：

某人终于通过努力，可以轻松地进行熟练的临摹了。一天，他小试牛刀地做了一次创作，结果他发现自己的实际能力和临摹水平落差极大。于是，他感受到了巨大的挫折，甚至把这种挫折归因于：也许临摹做得还不够好。

在之后的日子里，他变得更加不敢面对创作，而逃避创作的方法竟然是变本加厉地临摹……听上去很诡异对不对？

事实上，基础训练是没完没了的（如果你对自己的进步仍有期待的话），而你不能由于接受不了暂时丑陋的创作，而去逃避它，不去验证你通过基础训练习得的技能。越是如此，你对创作就会变得越加胆怯，而这种胆怯对你的进步是非常不利的。

在我自学的初期，基本保持了临摹和创作3：1的比例，当然每个人情况不一样，仅供参考。最初，我也被自己糟糕的创作表现逼得忍不住想要呕吐，但随着相关知识和练习量的增加，情况得到了改善，我也逐渐在创作中体会到了通过临摹习得的经验和技能，这需要一些时间和耐心。

面对现实并且大胆尝试，从相对长的周期来看，总是能够给你带来更多成就感。

第3章
结构与透视

结构与透视，也可以被视为写实绘画塑造的基础之前的基础。因为，在写实绘画中，那些显得更吸引人的明暗光影、色彩和质感，都完全建立在正确的结构和透视之上。

可以这样说，不把结构和透视搞定，你就搞不定写实绘画；而即便你对写实的光影和色彩不感兴趣，只是希望用线条表达自己的设计构思，你也还是绕不过结构和透视。

总而言之，你只有踏实学好它这一条路可以走。

一、结构概括的意义

结构概括既可以被应用在对物体的观察上，也可以被应用在临摹、写生或创作实践中。

（一）观察中的结构概括

看下图，这是一个非常简单的小房子：

我们把它的"表皮"也就是墙体、屋顶给去掉之后，它的内部构造是这样的：

在建筑设计中，上图所示的由木方搭建而成的框架，也被称为建筑的"框架结构"。最早"结构"一词就来源于建筑学领域。

对比这两张图片：

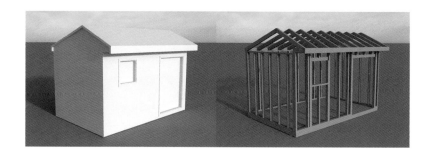

"框架结构"的这张图，更容易让我们捕捉到这个小房子的造型规律，比如：

你可以轻易地看出这个屋子是由下图这样的一个截面横向拉伸而形成的；

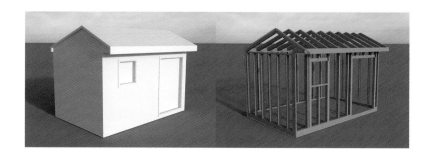

而这个截面又可以被分解为一个三角形和一个矩形；

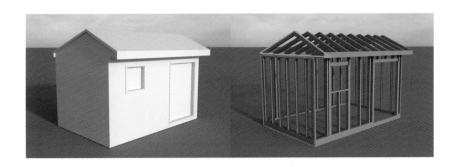

在框架结构模式下，我们更容易把握物体的形态特征，也更容易看出物体的形成规律。

那么，反过来，在从无到有的绘画塑造过程中，结构也可以被理解为物体构造的基本形态，或者是物体的形成方式。假如我们能够像上图中的框架模式那样，先把小房子的基本构造（截面或者几何体构成方式）给画对，那么画好整个小房子就不是太困难的事情了。

所谓的对结构的概括，也就是找到基本构造的这个过程。

看下图：

这是一幅凯旋门的照片，直观上，你应该会觉得它的结构比先前那个小房子要复杂得多吧？面对这种复杂物体，我们应该按什么样的规律去概括它的结构呢？

下面，跟随我的步骤对凯旋门的结构进行概括处理：

首先，忽略凯旋门的光影、颜色和纹理，先把注意力集中在实体的造型上；

然后，忽略凯旋门表面上琐碎的小起伏或雕花；

接着，忽略凯旋门上附加的各种大小不一的方块结构；

最后，忽略以半圆和矩形组成的截面在方块上的镂空结构，得到一个无法再简化的基础造型——一个方块。

至此，我对复杂的凯旋门进行了一次"做减法"的概括。这是一种概括观察物体的方法，随着概括程度越来越高，对象的形态就越来越简洁，可控性也变得越来越强。

（二）实践中的结构概括

当你试图去画一个复杂的物体（无论是临摹、写生还是创作），最好的方法就是对上述概括步骤进行反向操作。先把对象最基本的形态概括或搭建出来，然后逐步丰富结构，直至还原成接近真实的物体形态，像下图这样：

这样，你应该对结构概括在观察和创作中起到的重要作用心里有数了吧？

总之，我们之所以要在观察和创作时对结构进行概括，就是希望通过概括行为，主动忽略一些不必要的细节，从而降低复杂物体的控制难度，让对象变得更容易理解，或者更容易被画对。

二、结构概括的利器

既然结构概括如此重要，是否有针对性的学习方法呢？当然有。下面，我将给你提供四个有效的概括工具，分别是基本几何体、关键转折、典型表面和截面。你可以借助它们来使你的结构概括能力得到提升。

（一）基本几何体

在前文"概括凯旋门"的案例中，复杂的物体最终被简化为一个基本几何体 ——"方块"。无论是对于透视的把控还是之后的光影色彩推算，简化为方块都将大大降低绘画中的操作难度，当你能够主动地忽略掉琐碎的细节，你的注意力就更能够集中在关键问题上面了。

那么，还有哪些基本几何体可供我们概括复杂的物体呢？

最基本的几何体是球体、圆柱、方块和圆锥。

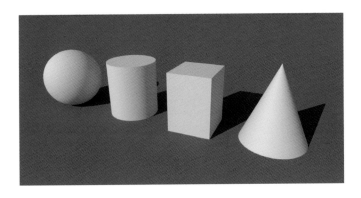

参与过传统素描基础训练的同学，应该都在石膏几何体素描练习中见过它们，这是概括万物最基本的几何体。

以"球、柱、方、锥"为基本型，还可以发展出另一些常见的几何体：

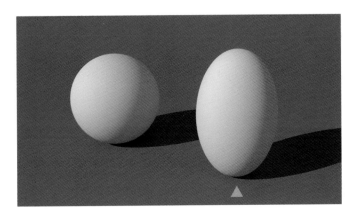

由球体发展出的椭球体。

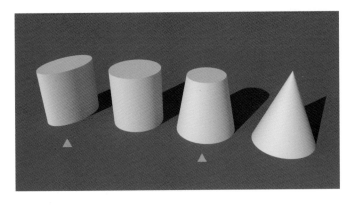

由圆柱或圆锥发展出的扁柱体和圆台体。

由方块发展出的方台体和各种方锥体。

观察下列图片，你是否可以看出图片中的物体与相应几何体的概括关系？

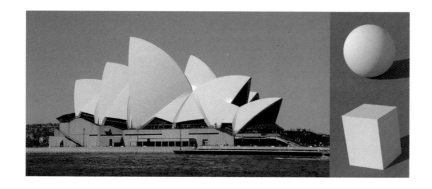

悉尼歌剧院的贝壳状屋顶，虽然不是完整的球体，却可以理解为"以球体的一部分组合而成"，底座则由大小不一的方块（经过组合或切削）构成。

这几座小建筑可以被概括为圆锥体和圆柱体。

　　由方块、球体和圆柱（注意：廊道边上镂空的装饰部分可以看作负形的圆柱）构成的伊斯兰建筑。

　　这张图片中的卢浮宫可以概括为一些方块，而贝聿铭设计的玻璃金字塔则完全就是一个方锥体。

　　有人可能要问了，建筑这类比较规则的物体，概括起来相对容易。如果是生物之类的有机体可怎么办？有机体曲面的结构也可以被简化和概括吗？

　　比如，像下图这头猪。

　　有机体不规则的表面结构确实会使概括的难度增加很多，但它们的根本原理却依然相同。不过，这需要你开始学习另外的一些结构知识，稍后我们再来处理这头猪的结构概括问题。

（二）关键转折

　　下图是石膏像亚历山大，左边是它的切面像，右边是雕像原型。

　　切面像，本质上就是对原型结构的概括。之前我们说过，概括的目的就是排除细节干扰，降低结构的控制难度，经过概括的表面，朝向和转折都变得更为明确了，可这是怎样做到的呢？

　　观察雕像原型，你会发现人像面部几乎全是复杂的曲面，似乎所有的地方都是或圆滑或锐利的转折。转折如此多，切面像上的这些关键转折又是如何被确定出来的呢？

　　为了降低关键转折这个概念的理解难度，让我们从二维的"线"开始。

　　下图是一根曲线：

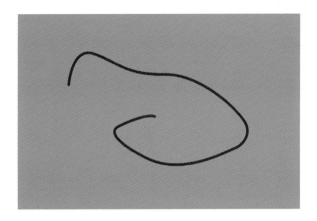

　　这条曲线看似有无数的转折，我把曲线上尽可能多的转折点都标注了出来，那么它的关键转折是哪些点呢？

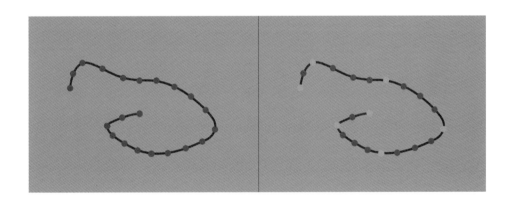

　　对于一根曲线来说，关键转折就是那些能够影响整体线条趋势的，较为剧烈的转折，如上图中黄色的点。

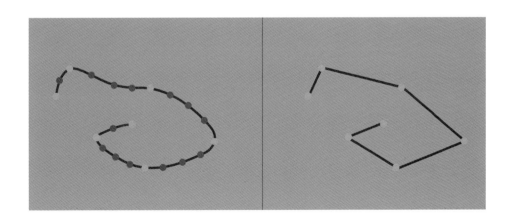

如上右图，即便忽略其他微妙的转折，只保留这些关键转折，整个线条的比例和趋势仍然与原曲线很接近 —— 这就是经过合理概括的二维曲线，虽然损失了一些细节，但保持住了图形的整体关系，降低了控制难度。

这个思路有点像我们在"观察与对比"那个章节里介绍的"包裹法"，它们的原理确实是相通的，先抓住主要转折，再处理次要和微妙的转折。

通过上述案例，你对二维曲线中的关键转折应该有所了解了，在复杂物体的三维表面上找到关键转折的方法也与之非常接近。

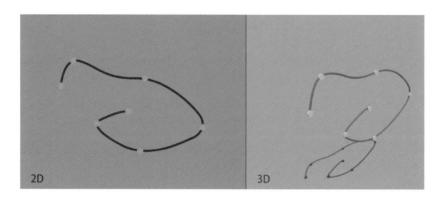

首先，想象左图中这根线条被置于三维空间中（如上右图），黄色点为曲线的关键转折。

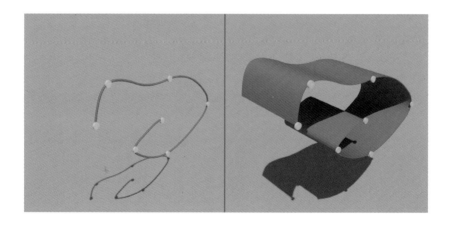

其次，设想这条曲线被拉伸，形成了一个曲面（如上右图）。

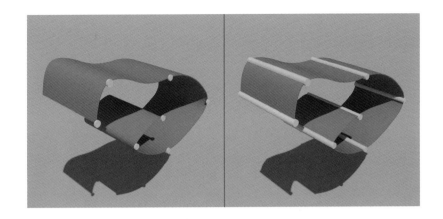

将点也拉伸成线，这时，你应该能够看得很明白了：

黄色的点是二维曲线的关键转折点；

黄色的线就是三维曲面的关键转折线。

关键转折无论在曲线还是曲面上，都代表了一些更为强烈的结构变化之处。在对复杂物体进行概括的时候，我们应该优先捕捉这些关键转折，概括好它们，解决微妙的转折就只是耐心和时间问题了。

现在你再回头看之前的这个亚历山大石膏切面像。

观察切面像，并对比雕像原型的相应部位，你是否可以理解那些关键转折了呢？

我想，你应该对下面这头猪的印象还算深刻。

让我们试试用已经学过的"基本几何体"和"关键转折"这两个工具概括它的基本结构。

Tips：无论你是临摹、写生还是创作，只要你的目的在于提升塑造能力，第一步，就是确保自己对想要画的物体的结构彻底了然于胸，这就要求你必须养成分析结构的习惯。

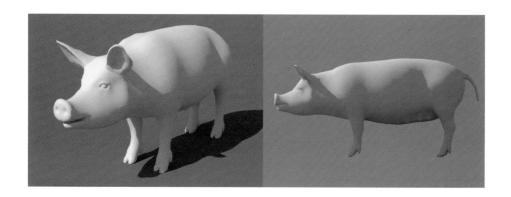

观察上图，由于猪的总体结构类似于一个圆柱体，我们可以从躯干结构明显变化之处开始着手。

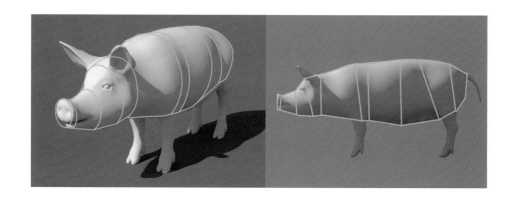

找到躯干起伏较为明显之处的关键转折线。

我使用基本几何体中由圆柱发展出来的圆台体，作为总体的概括工具。由于猪的腹部特别接近于一个椭球体，如上图中的绿色线条所示，这部分我用一个椭球体直接概括，其他部分都由变形的圆台体依据关键转折来概括。

最终，我们凭借非常简洁的"基本几何体"和"关键转折"，把一个复杂物体以最简单却并不失整体的方式给概括出来了。

有些同学可能又会产生这样的疑问："这个经过概括的猪头似乎和原型仍然不够接近呀……但是又看不出明确的基本几何体，如果我想把猪头概括得更贴近原型，应该怎样做才好？"

答案是：你得学会使用接下来的这个工具 —— 典型表面。

（三）典型表面

请你思考一个问题 —— 为什么基本几何体（球、柱、方、锥）可以概括几乎所有的复杂物体？

1. 基本几何体与典型表面的关系

上面这个问题的答案是：因为球、柱、方、锥分别代表了几种典型的表面形态。

下图中，绿色箭头代表平直，粉色箭头代表弯曲。

方块所对应的是 —— 平面，平面只有一个朝向，在任何轴向上都不发生弯曲；

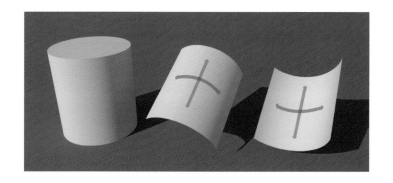

圆柱所对应的是 —— 柱面，柱面是一种在单个轴向上发生弯曲的曲面；

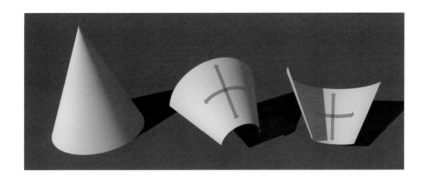

圆锥所对应的是 —— 锥面，锥面也只在单个轴向上发生弯曲，它也是一个曲面；

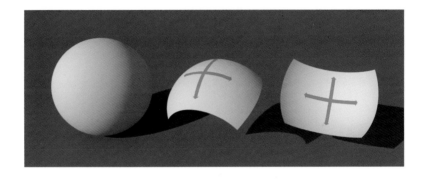

球体所对应的是 —— 球面，球面是在多个轴向上都发生了弯曲的曲面；

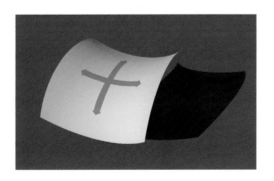

还有一种特殊的曲面 —— 单叶双曲回转面，这种曲面形似马鞍，与球面的差别是，它在两个轴向上的弯曲方向是相反的。

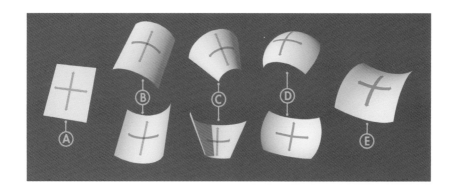

几乎任何你所能见到的物体的结构，都是由上图所示的这几组表面形态混合而成的，你在观察任何物体的时候，对局部结构各偏向于哪种"典型表面"，要心中有数。

2. 使用典型表面对物体进行结构分析

接下来，我们开始使用观察典型表面的方法，对上面那头猪的头部结构进行表面分析。务必保证在结构分析的过程中，遵循以下步骤：

（1）忽略物体的表面颜色和纹理；

（2）找到"关键转折"（下图中块面与块面的分界，即红线处）；

（3）忽略微小的起伏，以关键转折为区分观察各个板块，并用"典型表面"中与之相接近的表面"替换"掉复杂的现实结构。

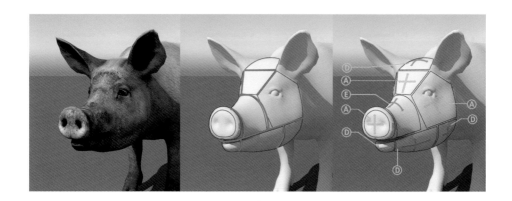

Tips：在这个过程中，你要尽可能理性地去分析和理解物体的概括面，最重要的就是主动忽略小的起伏变化。假如一个面近似于平面，那就把它概括为平面；假如一个面近似于锥面，那就把它概括为锥面 —— 物体表面接近于典型表面中的哪一种，就直接归纳为那一种即可。

概括必然会损失一些细节，这是正常的现象。我们当前的目标是把握整体，细节放到下一个阶段来处理就好。

（四）截面

　　截面是一种用来分析物体结构的好工具。养成分析截面的习惯，将有助于你更好地把握上文中提到的关键转折。

　　截面，也可被称为剖面，一般选择物体较有代表性的结构部位进行剖切。剖面对结构有着很强的说明作用。以基本几何体"球、柱、方、锥"为例：

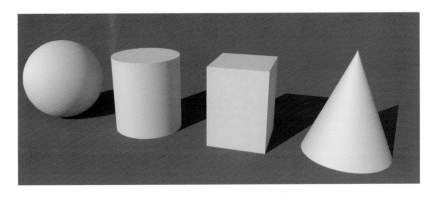

　　把这几个基本几何体看成半透明的状态（下图中的紫红色线条代表物体背面的结构）：

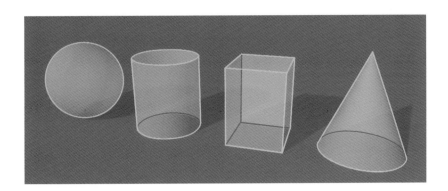

　　下图中黄色部分就是基本几何体在纵、横两个方向上的截面：

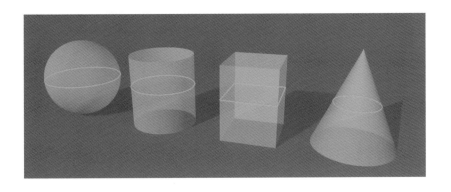

把截面概念用在分析复杂结构上，仍以猪头为例：

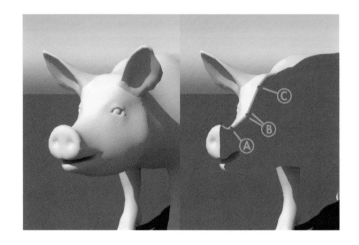

猪头是一个对称结构，因此，我们先沿中线做一个截面（如上右图），用之前所学的方法找到轮廓的关键转折，即上图中的红点，此处我先分别命名这几个转折点为 A、B、C，分别以这几个红点（关键转折处）做横向截面：

A 点：观察沿 A 点做的截面，截面上边缘显得非常圆滑。

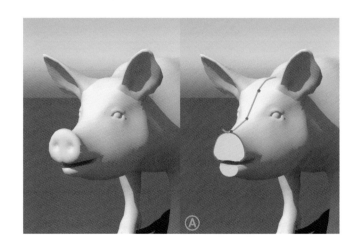

B 点：因为转折点 B 处是曲面和平面对接，所以在这个点上我做了两个截面，可以看到，靠前的截面上边缘仍然较为圆滑，而靠后的截面上边缘就比较方了。

B 点靠前的截面（偏圆）：

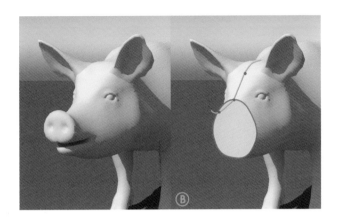

B 点靠后的截面（偏方）：

C 点：观察沿 C 点做的截面，截面上边缘显得方正了很多。

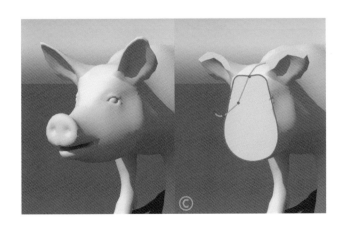

对比观察下图中的这几个截面：

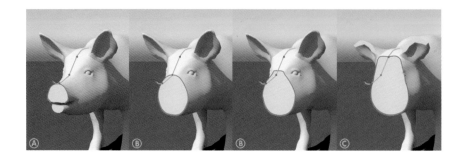

先把这几个截面的关键转折找出来，并消除微弱的起伏，概括截面轮廓：

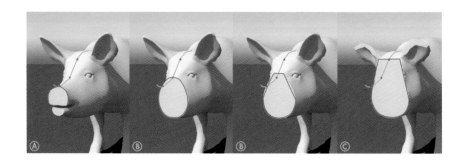

Tips：概括截面轮廓就是，偏向圆弧的，直接看作圆弧；偏向直线的，直接看作直线。
接着，把这些经过概括的截面叠合到猪头原型上。

补充好轮廓，把关键转折点连接起来。

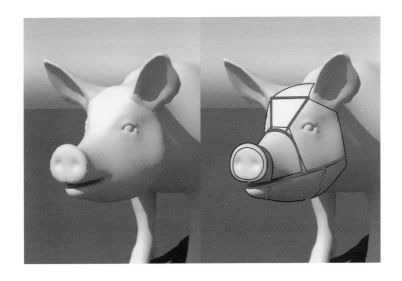

　　对照下图，回顾"关键转折"和"典型表面"的相关知识，我们成功地利用截面辅助完成了一次对复杂表面的结构概括。

（五）结构概括经验总结

　　结构概括总体上是一个偏理性的技能，操作起来可能会比较枯燥无趣。但是，假如你希望在设计表达、光影或色彩塑造上所遭遇的障碍更少一些，就有必要花费些时间和精力把这个基础之前的基础给夯实。

　　在本章的前几个小节里，我详细地介绍了结构概括的几个有效工具，分别是"基本几何体"、"关键转折"、"典型表面"和"截面"，接下来，我来谈谈自己的结构概括经验，希望对你们的练习有所帮助。

　　一个合格的结构概括应该是什么样的？

　　合格的结构概括，并不是一味地无底线简化，也不是一味地无底线接近原型，而是要在

"尽可能简化"和"尽可能接近原型"中找到一个平衡，以尽可能少的块面去还原尽可能多的原型结构，这才是一个合格的结构概括。

同时，概括是有层级关系的。

比如，你使用了基本几何体概括了一栋建筑的外形，这是第一层级。而当你细化或深化到这栋建筑的局部细节，如窗台或阶梯的时候，你依然可以用基本几何体去概括那些细节造型。在这个过程中，你所使用的概括工具和概括思维，与你概括建筑整体外形时所使用的是一致的。

无论你是面对整体还是细节，概括原则一以贯之，两者只是存在处理次序上的差别而已。

此外，在练习过程中，下列步骤可供参考：

1. 面对任何一个复杂物体，先观察它的基本造型特征

比如，它是不是对称的？如果是，那么优先找到中线就是最有效率的；或者，它整体看上去更像什么？还记得那头猪吗，它的躯干就像一根截面粗细不等的大萝卜，因此我在关键转折的那个小节里，使用了大小不同的圆台体来概括它的这个结构特征。

大多数的物体都存在一定的造型规律或结构特征，在动手做概括之前，先试试找到它们。上图中的动物、汽车和建筑都包含了对称的造型特征。

2. 优先使用基本几何体来概括物体

如果物体显然具备很鲜明的基本几何体特征，比如大多数的建筑，或者像是在关键转折的那个小节里，几乎是一个椭球体的猪的腹部 —— 那么，相比典型表面，我们直接用基本几何体来概括它们，操作起来会更简单一些。

上图中的热气球和建筑，具有明确的基本几何体特征。

3. 找"整体的关键转折"

如果物体不太容易被基本几何体直接概括，那么可以从整体的关键转折开始。注意：一定不要在最初就陷入细节或微妙的小起伏中，大多时候它们对整体造型的影响是可以忽略不计的。如果你难以主动忽略它们的存在，也可以尝试眯起眼睛观察，眯眼观察仍然感受得到的大起伏，就是整体的关键转折之所在了。

上图中，你可以看到山脉的两侧山坡上，有非常多的小起伏，但它们都不是整体的关键转折，只有山脊才是，因为山脊影响了山脉的整体造型结构。

4. 对于"典型表面"来说，做到接近就好

从微观的角度看世界，你是无法找到任何一个平面的。所有物体表面都存在着巨量的细节信息，这些信息从结构上来看，就是无数大大小小的面的起伏。我们必须主动忽略那些无关痛痒的小结构，才能做到简洁地概括。

因此，当你使用典型表面去概括物体，却发现损失了细节的时候，不必过分在意 —— 这甚至反倒是我们所希望看到的。只要你在最初把底层级的整体结构概括好，到了下一个阶段，细节上的起伏就会手到擒来。

上图中的南瓜可以被视为典型表面中的球面（的变形），南瓜上的细小纹路无法贴合简洁的球面是正常的，我们可以在另外的阶段去处理这些小结构的概括。

综上，概括的要诀就是：从大到小，从整体到局部，从简单到复杂。

三、透视与透视的学习方法

（一）透视的概念

在我看来，透视是人类普遍的视觉经验之一，其规律非常简单，无非就是"近大远小"这四个字。

照片中的人因与镜头的距离不等，而呈现出近大远小的特征。

由于近大远小的视觉经验的存在，为了让观众看画面时能更无损地感受你的构想，你在创作时就应该遵循这个透视规律。这也是学习透视的原因所在 —— 我们需要通过正确的透视表达，使创作者和观众对作品的结构认知趋向一致。

上图为19世纪末、20世纪初的美国画家约翰·辛格·萨金特（John Singer Sargent）的作品，画家在作品中通过近大远小的透视规律，再现了观众日常的视觉经验，使我们能从画面上感受到纵深的空间感。

本书"结构与透视"章节所希望达到的阶段性目标就是：通过把正确的结构放到统一的透视空间中，来表达自己的造型构想。这就需要你同时具备两块知识：一块是我们之前学习的"结构"；另一块就是接下来的"透视"。

（二）透视的学习方法论

从前文中，我们知道了透视实质上是一个表达工具，它能让观众凭借已有的视觉经验了解你的造型构想。但是，透视本身是非创意性的知识，这就好比你希望用篾条编一个竹筐，"编一个什么样的竹筐"是创意性的，而"如何使用篾条进行编织"则如透视一般是非创意性的，这也就导致了一个问题——学习透视的过程会比较枯燥。

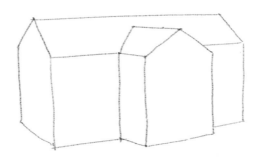

假如我想要画一个上面这样的小建筑的透视图，让我们分别看看"传统的透视制图法"和

"CG 时代的透视绘图法" 分别是什么样的。

1. 传统的透视制图法

首先，你得确定这个建筑精确的平面和立面尺寸。

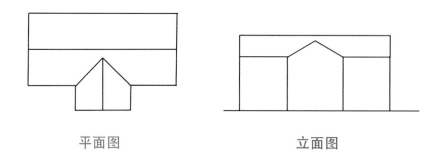

平面图　　　　　　　　　　立面图

然后，依据透视制图法进行各种繁复的拉线。

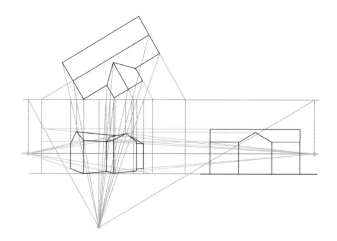

最终得出一个建筑透视图。

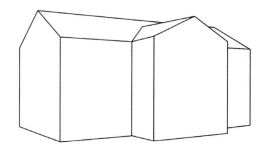

这种透视制图法在市面上任意一本透视制图类的工具书里都能找到，我并不打算在本书

中重复。

假如此前你从未对透视制图有过了解，你大概会感到十分惊讶：如此简单的一个物体，竟然需要这样繁复的手段才能得到一个正确的透视。而我们未来的创作里必将出现更多复杂的造型设计，难道在透视表现上都要如此烦琐吗？

以往确实如此。

在过去，如果你想对某个物体做出严谨的透视表现，你就不得不耐下性子，逐一确定每个物体的平面和立面尺寸，然后拉透视线，在相当枯燥的制图过程之后，得到一张透视图。

但这个看似严谨的绘图流程，却显得有些不合创作的逻辑。

比如，当我们处在创作方案的前期阶段时，很难确定平面和立面的精确尺寸。往往需要先把物体放入具体环境中，才能做出尺寸和比例是否合适的判断 —— 而传统的透视制图在一开始就需要精确的数据。并且，很多经验不足的初学者容易出现"画到最后，才发现透视图里的物体，与自己想象的造型比例或镜头感觉完全不一样"的情况。

于是，很多人在繁复的拉线和不直观的绘制流程的影响下，失去了对透视的学习兴趣。

好消息是，自从 CG 被广泛应用于各类艺术创作，前面这种不直观的透视图绘制流程已经得到了相当程度的解放。接下来，我仍然以上面那个建筑为例，看看计算机是如何辅助创造一个准确的透视图的。

2. CG 时代的透视绘图法

此例中，我使用了设计辅助软件 SketchUp 进行三维制图。

大体确定平面尺寸，这些尺寸到后期都可以继续调整，因此只需感受比例是否大致符合需求即可；

拉伸平面，确定建筑的大致高度；

制作主屋顶的三角截面；

拉伸三角截面，完成主屋顶；

制作小屋顶的三角截面；

拉伸三角截面，完成小屋顶；

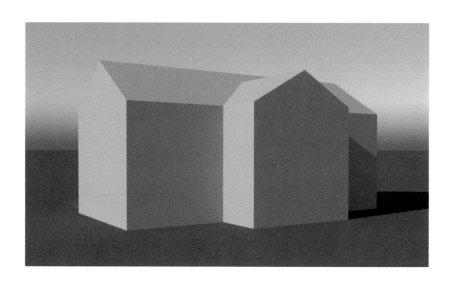

按自己的设想调整视角，完成。

在三维软件辅助下，整个透视图的制作流程变得非常直观，在任何阶段对尺寸和比例进行调整也不困难。

仍以"篾条编竹筐"为例，你现在有了一部"编织篾条的机器"（解决了实现透视的方法），于是，你可以把更多精力花在"编一个什么样的竹筐"（创造具体造型）上面了。

说了这么多，是希望初学者不必纠结于绘制正确透视图的形式。用手拉透视线也好，用软件辅助也好，都只是帮助你表达设计构想的手段而已。既然都是方法，当然尽可能选择其中更为高效和易于操作的那一种。

　　所以，无论如何，我都推荐你至少学习一款三维软件，它将对你的创作大有帮助。

　　有了三维软件的辅助，不就可以完全略过对透视知识的学习了吗？

　　透视部分这是要结束了吗？

　　还真不是这样，以下两个理由使我们仍然需要进行一些透视学习：

　　（1）具备一定的透视知识，能够让你对空间和结构的认知变得更加深刻；

　　（2）并不是所有的物体都适合建模，也不是任何情况下建模都比徒手绘制更有效率。因此，我们仍然需要一些画徒手透视图的能力，以达到在一个工作流中，让手绘和 CG 辅助互相配合，提高整体透视表现效率的目的。

　　那么，我们在学习透视的时候，怎样才能提高学习效率，使之尽快能够在实践中派上用场呢？

3. 我的透视学习经验

　　要学习一个工具，最好的方法是先了解你最终要用这个工具做些什么。

　　通常，透视在创作中有两种应用场景：

　　（1）你要画的是一个单体设计：如一栋建筑、一艘飞船或者一个角色。

　　（2）你要画的是一张插图：比如在一个场景中，同时存在建筑、飞船和角色。

　　在第一种应用场景里，并没有其他的物体需要匹配统一的透视系统。因此，在表达单体设计的时候，透视往往不像你想象中那样"要做到绝对的精确"。只要相对正确，别人也可以理解你的构思，举个例子：

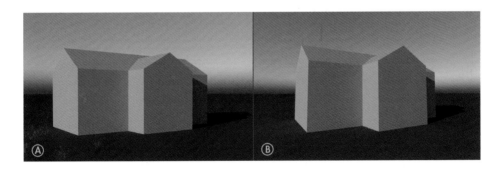

　　上图中，两个看起来区别很大的建筑，实际上是同一个建筑，你所感受到的差别仅仅是由不同的镜头视角带来的。但两张图中建筑的基本结构和比例关系，你应该都能够无障碍地

感知到，继续看下图：

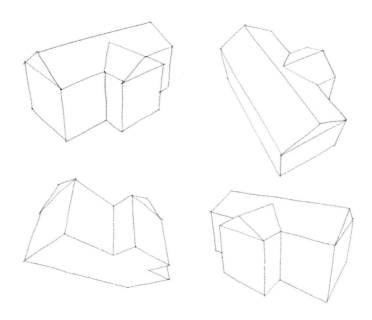

上面这几个草图是我在没有借助3D软件辅助的情况下画出来的，但我也没有像传统透视制图法那样进行繁复的拉线。事实上，我在绘图过程中进行了一些估算。这些草图严格来说，算不上绝对的透视正确——但是，你是否一样可以通过这些没那么严谨的草图，感知我想要传达给你的结构和比例关系呢？我想一定是没问题的，对吧？

这说明在通过透视来表现结构和比例的方面，是存在一定的容错区间的。只要依据一些规则，让透视做到基本正确，观众就能正常接收你通过草图传达出去的信息。换句话说，在某个容错区间内，我们以损失一些精确度为代价，用估算节约了大量的绘图时间，并且避免了繁复的拉线操作。

很多情况下，我认为这种交易是非常划算的。要知道，画上面这四个草图所花费的时间，可远远少于按传统方法画一个严谨的透视图所需的时间。这种方法我会在稍后的章节中做出解析。

在第二种应用场景里，由于复杂的场景中存在许多的单体设计，而每个单体都归属于同一个透视系统。要在绘画时兼顾各个物体的比例关系，不发生大的透视错误，能通过估算徒手做到吗？

能，但这需要非常丰富的绘画经验，对于初学者来说，则几乎不太可能。这时，你就应该使用三维软件辅助透视。

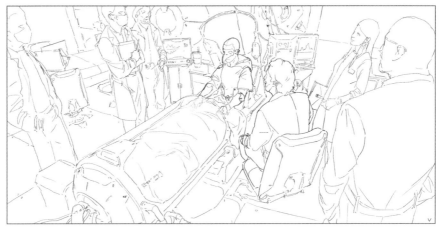

这是我的一幅作品和它的线稿草图，它是一个有着许多单体物件的复杂场景空间。我在画线稿之前，先用三维软件搭建了简单的模型来辅助透视（如下图）。

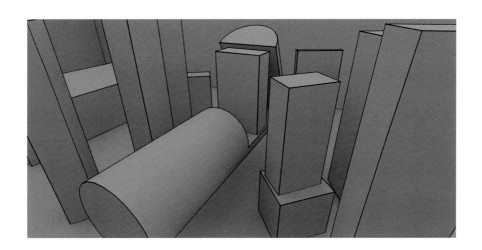

借助三维软件，可以轻松地确定物体大体的比例关系，甚至它还能很直观地帮助你确定构图，在这个基础上，再展开细节的设计就变得有的放矢了。

综上所述，我认为：

对于复杂的场景，借助三维软件完成基本的透视框架是最有效率的做法；而对于单体设计，或者复杂场景里的单体物件，则应该具备徒手直接进行绘制的能力。

关于如何徒手进行单体物件的绘制，请继续后续章节的学习。

Tips：透视的原理与术语

在学习透视的应用之前，我们有必要对透视的原理和术语做一个初步了解。理解透视效果的成理，将有助于你今后的创作实践。

先前我们说过，透视的基本规律就是四个字——"近大远小"，那么这个视觉经验的形成原理究竟是什么呢？

我们按古代欧洲绘画大师们的方法，做一个他们曾经做过的透视实验。

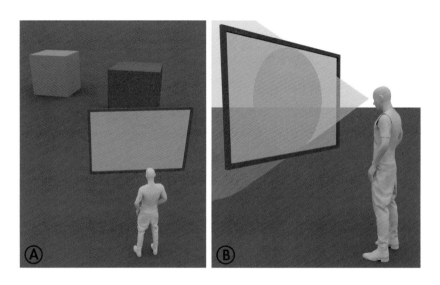

图 A，在这个实验场景中，我放置了大小相同的红青两个方块。红色方块离观察者较近，青色方块离观察者较远。然后，在观察者正前方放置了一个半透明的画框，观察者可以透过这个画框看到远处的两个方块。

图 B，人眼之所以能够看到万物，是由于物体反射的光线通过瞳孔被投射到我们的视网膜上，视网膜上的感光细胞接收到光的信号之后，将信号变为神经冲动，通过视神经传递到大脑皮层相应位置重新成像。光线进入我们瞳孔的轨迹可以看作一个 60°左右的圆锥体，也叫作"视锥"（60°视锥内物体基本不会发生严重畸变），如图，视锥穿越了观察者面前的画框。

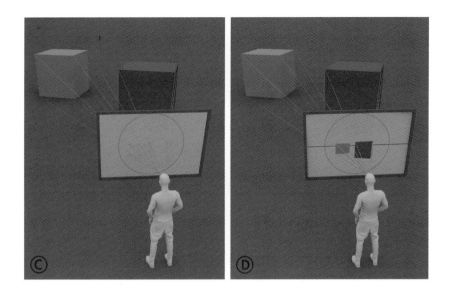

图 C，把两个方块的各个结构点与观察者的瞳孔用线相连，代表这些结构点在视网膜上的投影。此时，我们可以看到这些光线穿越了画框，和画布形成了一些交点。

图 D，把这些光线在画布上的交点连接成面，给它们分别填上相应的颜色。

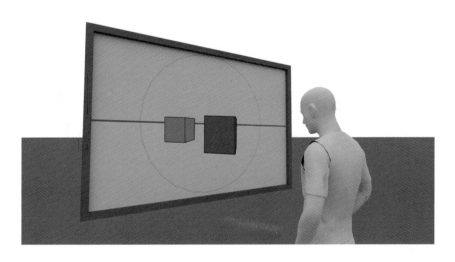

如上图，我们用最古老和最直观的实验，在画布上还原了近大远小的两个方块，这就是透视规律最基本的成理。

进一步了解透视术语：

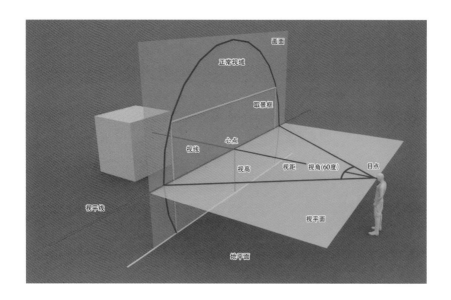

对照上图：

目点：也称为视点，就是观察者眼睛所在位置；

视角：视角即上文中说的视锥的角度，人眼为 60°，超过 60° 就是通常所说的"广角"；

正常视域 / 取景框：60° 视锥与画面相交部分之内的，是正常视域，把取景框定在正常视域之内，物体不容易发生畸变；

视线：目点与被观察物体（通常是主体）的连线；

视平线：与观察者眼睛平行的水平线；

视平面：视平面就是观察者眼睛朝向的延伸平面，视平面是可以发生倾斜的，比如当你45°仰望天空的时候，视平面就是 45° 倾斜于地面的；

视距：目点与被观察物体（通常是主体）的距离；

心点：视线与画面的交点。

在后续的透视学习中将会出现这些透视术语，你需要理解它们的含义而不是仅仅记住它们的名称。

四、透视类型与适用条件

（一）一、二、三点透视

在传统的透视制图法中，通常可以见到类似"一点透视"、"二点透视"或"三点透视"这样的描述。看下图，场景中有一个红色的方块，我们以它为道具来分析所谓的一、二、三点透视，为了便于理解透视缩短，我把它设置为半透明，便于你看到方块后面的结构：

1．一点透视

在一点透视中，观察者的视线垂直于方块的其中一个面。

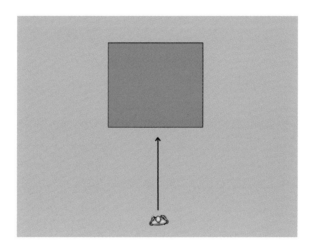

第一人称视角看到的效果如下图：

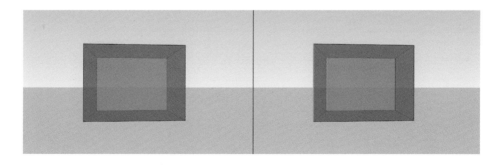

看上图左，我们知道方块的四条立边（图中的绿色与蓝色边）在现实中应该是一样长的，但在一点透视中，由于透视"近大远小"的规律，离我们较远的那两条边就显得短了。

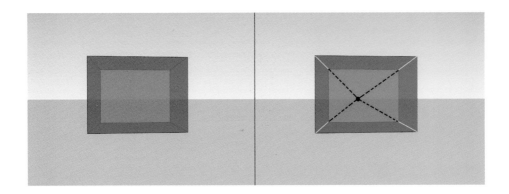

　　图中的四条黄色边，在现实中是互为平行的。在透视中，任意两条平行的边线，都会聚集并消失于远方的一个点，这个点，也就是"消失点"。可以看到图中有一个消失点，即为一点透视。

2. 二点透视

　　在二点透视中，观察者的视线对应的是方块的一个角，视线没有和方块的面垂直：

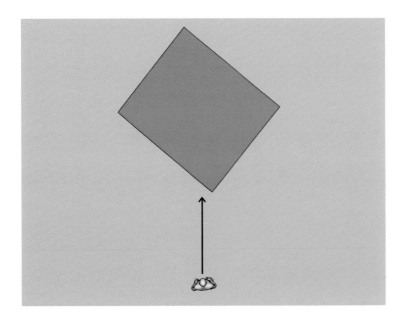

　　第一人称视角看到的效果如下图：

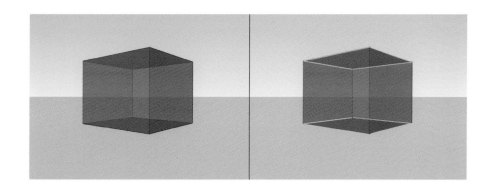

图中青色与黄色的边，在现实中也是互为平行的，那么，它们也会聚集并消失于远方的点上。

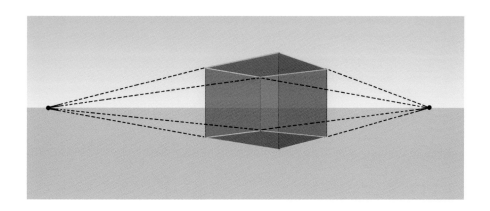

如上图，我们延伸这些互为平行的边，发现它们聚集并消失于两个消失点，即为二点透视。

3. 三点透视

在三点透视中，观察者通常以一种偏仰视或偏俯视的状态对物体进行观察。

第一人称视角看到的效果如下图：

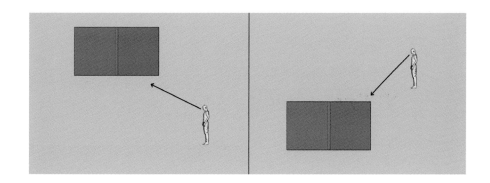

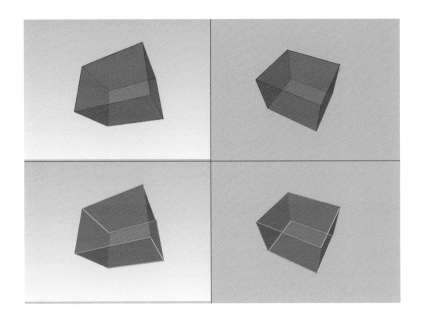

图中青色、粉色和黄色的边互为平行，依照之前的经验，它们也将聚集并消失于远方的点上。

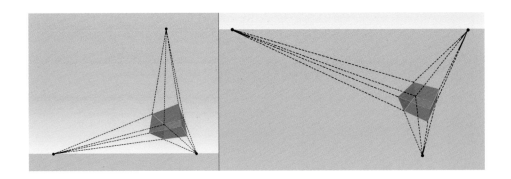

如上图，我们延伸这些互为平行的边，发现它们聚集并消失于三个消失点，即为三点透视。

通过上面的一、二、三点透视，我们可以总结出透视在观察方块上体现的一些规律：

· 方块中互为平行的边的延长线，均会聚集并消失于远方的点上；

· 与地面平行的边的消失点，会落在远方的视平线（也可以不太准确地理解为地平线）上，如下图所示：

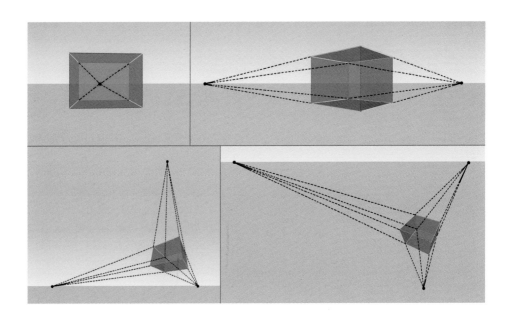

观察上图，无论在一点、二点还是三点透视上，与地面平行的边的消失点都在视平线上。

（二）五点透视

理解了一、二、三点透视，是不是说明透视本身存在很多种类呢？

并不是这样的，透视的特征只有一条——近大远小，任何物体在我们眼中呈现的透视规律都是一致的。那么，区分一、二、三点透视的意义何在呢？

要正确理解这个问题，我们得先明确一个概念：所有的透视，本质上都是五点透视。

看下图，想象在你的面前有一个网格，而你的视线落在图中的红点处（视线与红点处垂直）：

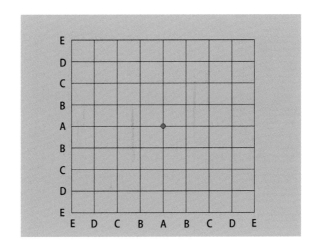

由于透视的本质是近大远小，我们可以得出：当物体处在 A-A 处的时候，视觉呈现会是最大的，离 A-A 越远，比如 E-E，物体会显得越小，因为视线不与 E-E 垂直 ——你的眼睛与它的距离相比 A-A 更远了。

那么，从逻辑上，上面这个网格的外部存在四个消失点，加上红点处向物体后方延伸的一个消失点，即为五点透视。

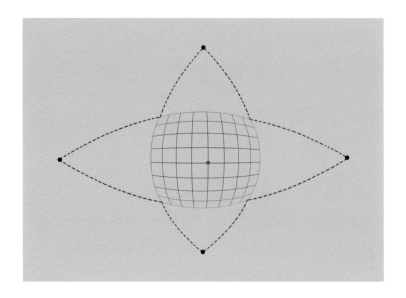

五点透视也被称为"球面透视"或"鱼眼透视"。

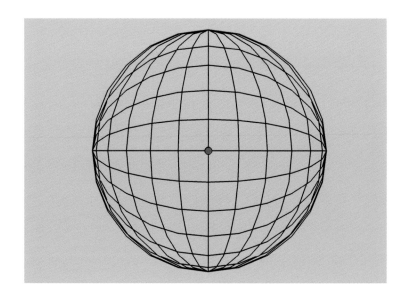

尝试以上图网格的思路，观察下面这张使用鱼眼镜头拍摄的照片，感受到五个消失点的存在了吗？

　　总之，我们看到的景物全都是五点透视，只不过人眼观察产生的透视畸变没有鱼眼透视这样夸张而已。

（三）不同类型透视的适用条件

　　既然透视本质上都是五点透视，非要区分为一、二、三点透视的原因你应该能够猜到了——这是为了使绘图过程变得更加简单快捷。在某些情况下，我们会主动忽略一些影响不大的消失点。

　　例如：

　　在一点透视的绘画表现中，我们会忽略左右和上下的消失点：

一点透视很适合用来表现一些简单的空间和物件，在确保视线与一个面垂直的情况下，通过确定消失点，我们可以快速地利用一点透视绘制构思草图。

但是，一点透视应用在构图上，有时会让人感到些许呆板或失真。一点透视不适合用来表现具有明显"仰视"或"俯视"特征的观察角度，也不适合"很高"或"很深"这样的结构表现意图。

在二点透视的绘画表现中，我们会忽略上下的消失点：

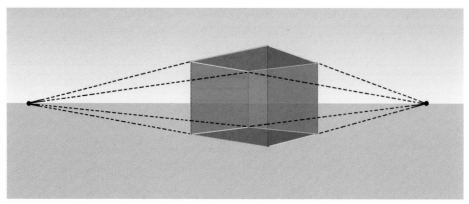

二点透视很适合用来表现平视状态下的物件、建筑或室内，由于在二点透视下，视线不需要垂直于某个面，因此它在应用中也显得比一点透视要灵活得多。

与一点透视一样，由于省略了上方或下方的消失点，二点透视也不太适用于仰视或俯视下的透视表现。

在三点透视的绘画表现中，我们除了需要找到左右的消失点之外，还要确定上方或下方的消失点：

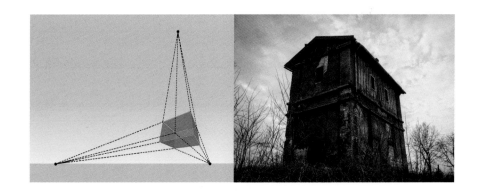

三点透视是一种非常接近视觉经验的简化透视类型，它尤其适合用来表现仰视或俯视视角，在这些特别的视角中，你能轻易发现三点透视上方或下方的那个消失点。

徒手绘制三点透视图有些烦琐，但它的效果相较于一、二点透视来说，显得更为自然，三点透视也是我在创作中经常使用的一种透视形式。

总而言之，在进行创作表达时，选择何种简化透视类型（一、二或三点透视），一方面取决于所表达对象本身的形态特征，以及你所希望采用的观察角度；另一方面取决于"贴近视觉经验的程度"与"绘制时的繁复程度"的权衡。

五、透视盒子与点定位

从本小节开始，我们将运用之前学到的透视知识来尝试一些实际操作。

不知道你是否发现，几乎所有的透视制图类教程，在解释透视原理时，都会选择基本几何体中的方块作为教学道具。

这是为什么呢？

这是因为方块规则的造型更有利于体现透视规律 —— 方块中包含了互为平行的边，因此更易于确定消失点，而消失点正是透视近大远小的体现。

接着，疑问也就产生了：

如果我想画的是复杂的、不太规则的物体，比如生物或机械，应该怎样像方块那样体现明确的透视规律呢？

（一）透视盒子的概念

与大多数具备方块特征的建筑不同，在生物或机械上，你难以找到互为平行的边，也就很难确定消失点以及表现近大远小的透视效果。

这就是不规则形状的物体不容易进行透视表现的根本原因。

具有方块特征的物体，可以轻易地找到平行边和消失点。

不规则或具有曲面特征的物体，很难找到平行边和消失点。

解决这个问题的方法非常暴力，但是却很有效 —— 用方块像盒子一样"包裹"住这些复杂物体。

思路如下：

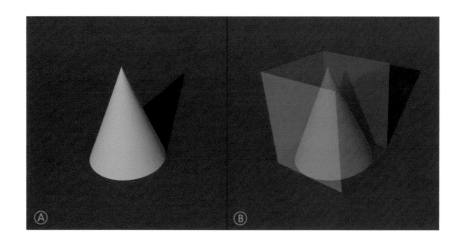

图 A：这是一个圆锥体，它和方块的形态区别很大，你无法看到任何平行边。因此，直接画出一个符合透视规律的圆锥体是相当困难的。

图 B：当这个圆锥体被盒子给包裹起来，透视规律顿时就变得非常明确了。

绘制一个圆锥透视图的步骤，正是上述流程的反向操作：

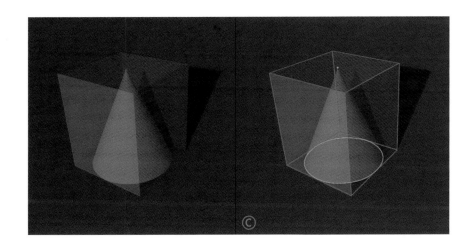

图 C：我们先画出一个符合透视的、能够恰好包裹住圆锥体的盒子（方块）。然后，参考盒子的底面，确定圆锥体的圆底；参考盒子的顶面，确定圆锥体的尖角。最后，将它们连接起来。

这样，一个符合透视规律的圆锥就被绘制出来了。

这种"以方块为基础参照"的绘图方法还有一个巨大的优势：如果你能画出一个翻转的方块，你就能以同样的方法画出一个翻转的圆锥。并且，与画一个四平八稳的圆锥相比，其难度丝毫没有增加！

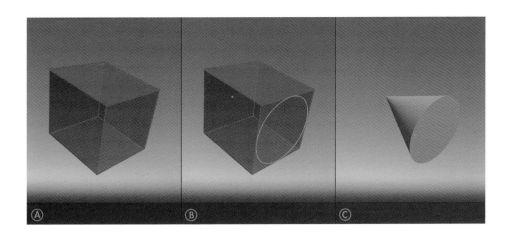

图 A：这是一个倾斜翻转的方块；

图 B：依照之前的方法，在方块内确定圆锥的底面和尖角；

图 C：得到一个透视中的倾斜翻转的圆锥。

更为复杂的物体也是万变不离其宗：

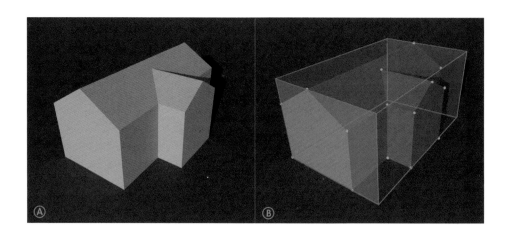

当我们用盒子包裹住这个小建筑，画出它的透视图的难度就顿时降低了。此时我们的绘图目标，简化成了"在盒子中找到相应的结构点"。

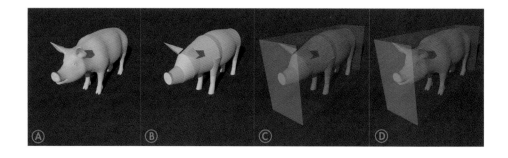

生物呢？当然也是一样的。不过，对于太复杂的物体，为了降低找到其结构点的难度，我们有必要先用结构概括的方法来看待它。如果你能在盒子中确定关键的结构点，就不难以结构点作为参照，添加其他细节，最后把它还原为一个充满细节的生物了。

综上所述，想要在透视中画出一个复杂的物体，先要画对一个透视和比例正确的方块（盒子），再在方块中找到相应的结构点。

简化为具体的课题就是：

如何画出一个透视正确的盒子，以及如何找到盒子中位置正确的结构点。

(二) 透视盒子的画法

借助三维软件制作透视盒子非常简单，在此不再赘述。现在主要讲述的是 ——如何徒手画出透视盒子。

我们先观察一个经典的方块透视模型：

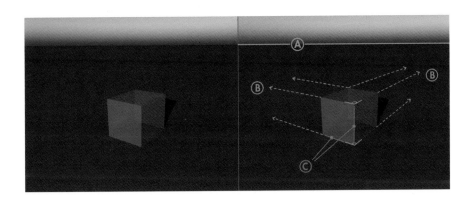

大多数的初学者会产生下面几个问题，对应上右图中的符号：

A. 视平线的位置应该怎样确定？

B. 方块的消失点应该在哪里？前面的这两个角的角度应该是多大？

C. 方块的长、宽、高在透视图中怎样确定出符合要求的比例？

这些问题也毫不例外地出现在了我自学绘画的初期，下面，我将针对这几个问题来讲解如何进行一个透视盒子的徒手绘制。

1. 确定视平线的位置

在一个透视图中，观察者的眼睛或摄像机所在的位置（目点）是非常重要的。视平线的高度，可以被理解为目点所在的高度。

上图中，相对于城市里的大部分建筑来说，视平线处在很高的位置。根据画面我们也可以很直观地感受到，观察者所处的位置也一定很高。

而在上面这张照片中，视平线处于较低的位置，大约也就是常人站立在地面观察的状态。

通过对比上面的两幅图片，我们可以得出一个结论：俯视、平视或仰视取决于视平线相对于物体的高度位置。

因此，在我们徒手绘制一个透视图的时候，最重要的就是在第一时间确定视平线的位置：

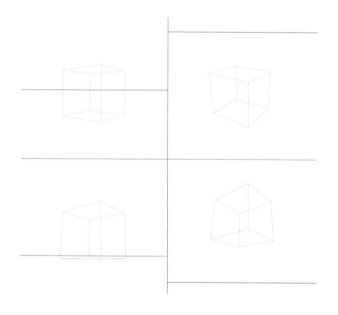

如上图，预估目点和主要描绘对象（方块）的位置关系，在画面中优先确定视平线位置。

2. 确定消失点的位置

在前文中，我提到："与地面平行的边的消失点，会落在远方的视平线上。"观察下图中的建筑：

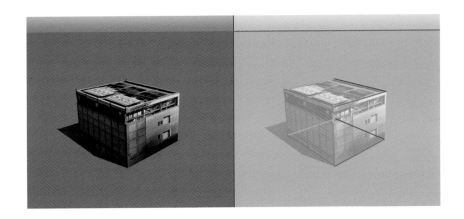

建筑上彩色的边与地面平行，且颜色相同的边互为平行。因此，这些边的延长线所汇聚出来的消失点，一定落在远处的视平线上。

具体消失点会落在视平线上的哪个位置呢？

看上图，与观察者视线较为垂直的面，它的平行边的消失点距离物体较远；与视线较为平行的面，它的平行边的消失点距离物体较近。

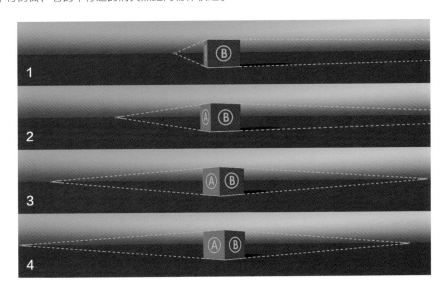

在上图1中，观察者的视线与A面较平行，因此A面上下两条平行边汇聚的消失点离物体较近；观察者的视线与B面较垂直，所以B面上下两条平行边汇聚的消失点离物体非常远。

在图2、3、4中，方块进行了旋转。A、B面与视线的交角发生了变化，随之消失点的位置相应也发生了变化。

那么，两个消失点的距离又怎样确定呢？

这取决于视角的大小——视角越大，两个消失点的距离越近；视角越小，两个消失点的距离越远。看下图：

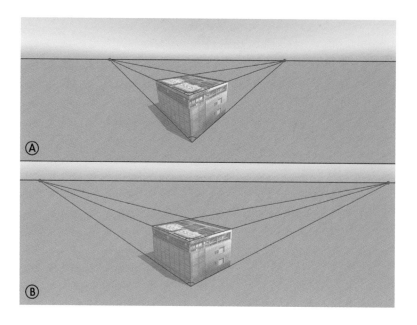

A 图和 B 图都是正确的透视。

A 图使用了一个大视角，也就是所谓的广角镜头（广角镜头可以体现远景中更多的内容，在本书与构图相关的章节里，我们将对镜头问题进行更多的研究），在大视角画面中，建筑（方块）的消失点距离较近。

大视角使消失点的距离更接近，也导致了建筑前面两个角的角度比较小；

B 图相对于 A 图来说，视角更小，因此两个消失点的距离较远，建筑前面的两个角的角度也比较大。

在现实中，方块的角都是直角。在画透视图的时候，多数情况下不要把前面的这个角画得小于 90°，否则透视图在视觉上会产生比较明显的畸变。

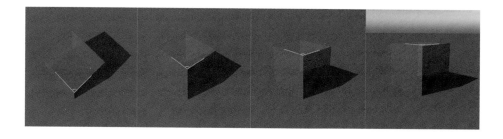

如上图，即便正俯视的时候，这个角也不会小于 90°。

因此，在透视草图绘制的时候，依照视角大小，以及仰视、平视或俯视的具体观察角度需要，在 90° 到 180° 中取一个能够接受的角度就好（通常角度略大会显得更自然一点）。如果只是画单体透视草图，并不需要特别纠结这个角度的精确问题。

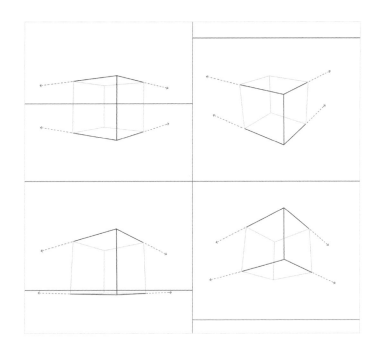

　　如上图，画出方块正对你的那条竖边，使方块上平行于地面且互为平行的边的延长线，汇聚于落在视平线上的消失点。按需确定视平线上两个消失点的距离，确保方块朝向你的上下两个角都不小于90°。

　　另外，假如场景中存在多个朝向不同的方块，每个方块平行于地面的边的消失点虽然不在同样的位置，但一定都在视平线上；各个方块垂直于地面的边也会聚集消失于上方或下方的一点。如下图：

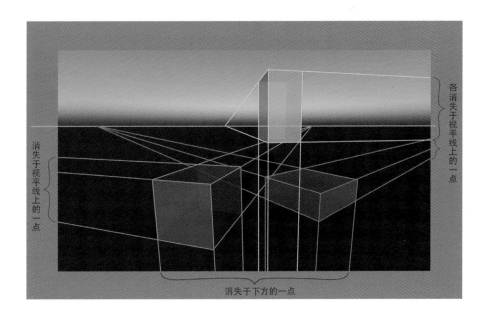

3. 确定"长、宽、高"的比例

在"透视的学习方法论"那个章节中，我写道：

"在某个容错区间内，我们以损失一些精确度为代价，用估算节约了大量的绘图时间，并且避免了繁复的拉线操作。"

上文中的估算，很大程度上就是指我们需要以目测的方式，来推断方块的长、宽、高在透视图中的比例。

对此，不少人可能会有异议，认为估算得"不精确"会使人产生对物体结构的错误认知。然而，在实践中这种情况很少发生，除非你的估算与实际情况严重不符（这是可以通过大量的练习进行改善的），多数情况下，略有偏差的尺寸并不影响结构认知。

Tips：来做一个小测试，请判断下面 A、B 两张透视图中，哪一张图中的方块是正方体（长、宽、高相等）？

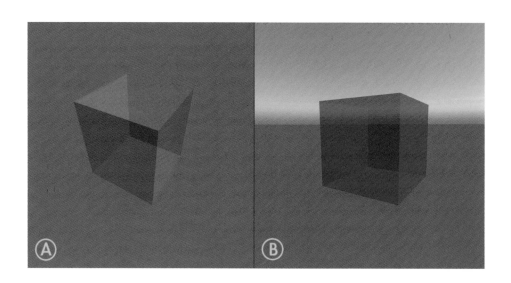

答案是：无论你选了哪一个，你都是错的，因为这两个都不是正方体。

下面分别是 A 图的立面图和 B 图的平面图，事实上，A 图是一个偏高的方块，而 B 图是一个偏长的方块。但在透视图中，我们都看不出这个可容忍的误差。

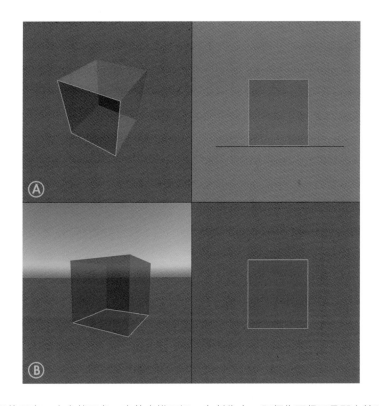

　　人眼的观察，本身就具备一定的容错区间。在创作中，即便你画得不是那么精确，大多数时候对结构的影响，也不会像你想象的那般严重。换个角度来说，如果确实需要特别精确的绘图，徒手绘制就不是一个高效的选择了。

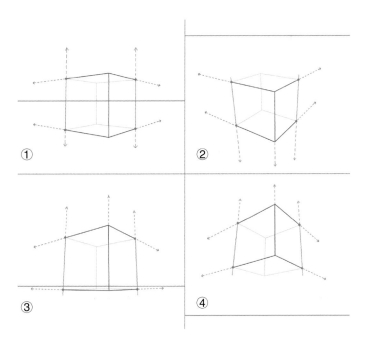

如上图，目测估算出方块的长、宽、高比，定出红点，然后连线。

在平视状态下（图①），可以当作二点透视来画，忽略方块垂直于地面的边在上方和下方的消失点，互相平行即可；

在仰视和俯视的状态下（图②③④），确保方块垂直于地面的边的延长线消失于上方（仰视）或下方（俯视）一点。注意，除非所采用的视角特别大；否则，多数情况下把点定得离物体远一些会显得更加自然，如下图：

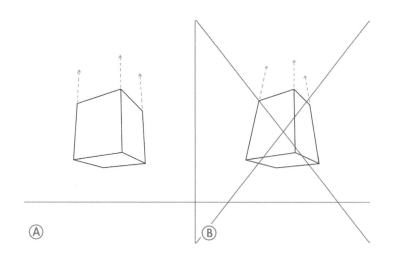

图 A 在视觉上比图 B 自然很多，图 B 上方的消失点定得太低，容易给人一种"这不是一个立方体，而是一个方台体"的视错觉，那就不对了。

4. 透视盒子的绘制流程和经验小结

下面，我把透视盒子徒手绘制的要点归纳一下：

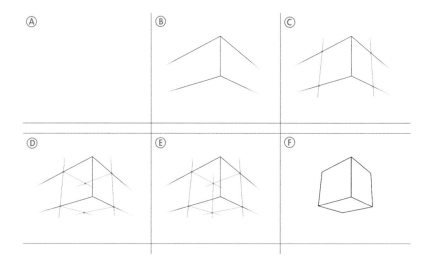

A.　按你所期望的观察角度画出视平线；

B.　确定方块中离你最近的那条竖边，按你期望的视角估算出视平线上两个消失点的位置，并画出方块离你最近的四条平行于地面的边，这些边的延长线聚集于两边的消失点上；

C.　目测估算你所要绘制的方块的长、宽、高比例，在四条已经画出的边上做标记（红点），然后连接它们，在仰视或俯视状态下，使这两条竖边与之前所画的竖边聚集于上方或下方的消失点上；

D.　画出方块远侧的四条平行于地面的边，它们的延长线也聚集于两边的消失点上；

E.　连接方块远侧的四条边交叉形成的两个交点；

F.　完成一个透视中的方块的徒手绘制。

以上，我花了相当多的篇幅，解析了徒手绘制一个透视中的方块的思路和过程。画好一个方块，对于你徒手绘制一切透视中的物体，都是至关重要的前提。我们值得在这个阶段把手绘基础打好。

在你学完本小节，能够做到按步骤画出任意比例、任意观察角度下的平放着的方块之后，请不要停止练习，对于"透视中的方块"的练习必须做到异常熟练，这种技能才可能在你未来的创作中发挥威力。

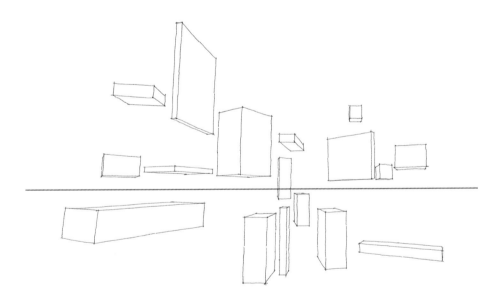

Tips：我个人在做这类练习的时候，通常会在一个画布中设定好视平线，然后以这条视平线为参照，画上许多大小朝向不一的方块（如上图），这样一次练习就能获得多倍的经验值，非常过瘾。此外，还有两条私人经验供参考：

（1）我个人不认为把线条画得特别干净笔直是必需的事情。徒手画时，我只是保证线条整体趋向于平直，轻微的抖动问题不大。像上面这个例图，我并没有使用 Photoshop 中的钢笔或直线工具，较长的线条可以分两三段接起来，慢慢画，你会发现如果大的透视规律没问题的话，即便线条不是绝对干净笔直，作业质量也还是可以被接受的。

（2）我一般用目测来定消失点，不会把透视线直接拉出来。有些时候，消失点会在距离方块本体非常远的地方。如果只是为了精确而把画布扩展得特别大，我觉得不是太有必要，尽可能在你绘制的图形中体现消失点的存在就可以了。

我告诉你以上两条经验，是为了让你接受这样一个道理：有时，我们应该为了效率而放弃些许对精度的苛求。效率的提升，意味着单位时间内可以进行更多的练习，这样你的进步才会变得更快。

（三）点定位与透视中的基本几何体

当你通过反复练习，终于可以徒手画出不同比例、不同观察角度下透视合理的方块，你离自如地掌控结构就只有一步之遥了。这一步就是：对于复杂物体，如何在方块中找到位置正确的结构点。

如何在一个三维空间中定位一个点？——听起来似乎非常困难，但以我个人的经验来看，这门技术更多在于耐心。

在"观察与对比"章节中，我用下图示意了如何在画面中定位一些点：

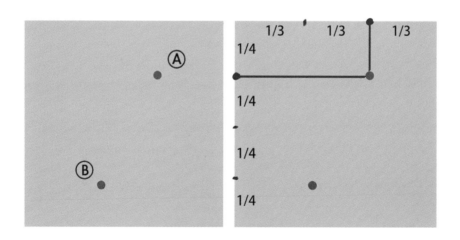

在二维空间中，我们根据参照物（如画布的边线），估算目标点在各条边上的投影位置，从而定位目标点在二维平面中的位置。

在三维空间中也同理：

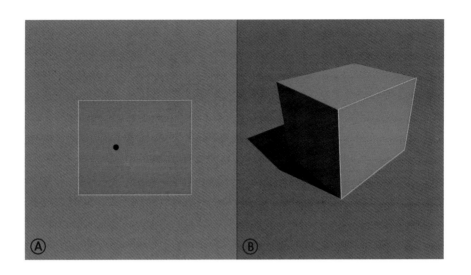

A 图中的这个矩形，就是 B 图方块中绿色线条标记的这个面，如何在 B 图中找到 A 图里那个点的位置呢？

先分析 A 图中的点的位置：

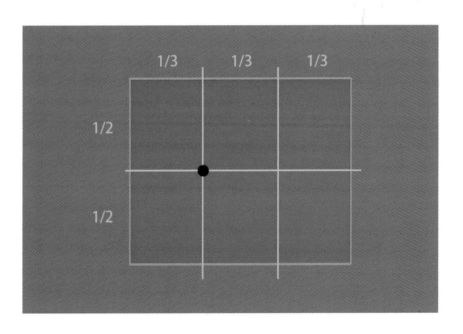

如上图，点大约在矩形纵向1/2、横向1/3的交叉处。

常见的一种错误操作是这样的（如下图）：按二等分和三等分平均分割竖边和横边，然后连线，得到下右图中的交点位置。

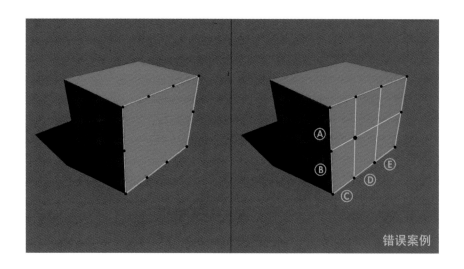

这样操作的错误出现在：

没有意识到三维空间中方块的竖边和横边，也是存在透视缩短的。例如，C 线段比 E 线段离观察者更近，根据透视近大远小的规律，视觉上 E 线段显然应该更短 —— 因此，在操作的时候，我们一定要避免在三维空间上套用二维平面的等距思维。

我将告诉你一些实用技巧，这些技巧可以帮助你轻松地找到三维空间中任意的点。

1. 点定位

下面是一些常见的三维空间等距划分技术，它们在绘画和设计创作中的应用频度非常高。因此，务必在理解原理之后，反复操作直至熟练。

（1）如何确定一个矩形面的中心点？

如下图，作两条辅助线连接矩形面的对角，两条直线的交叉处就是矩形面的中心点。

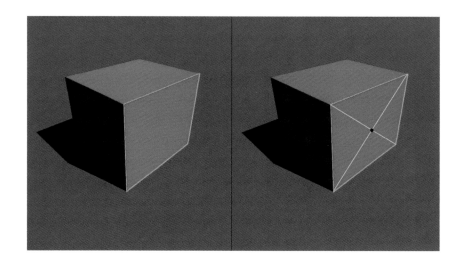

（2）如何二等分线段或二等分一个矩形面？

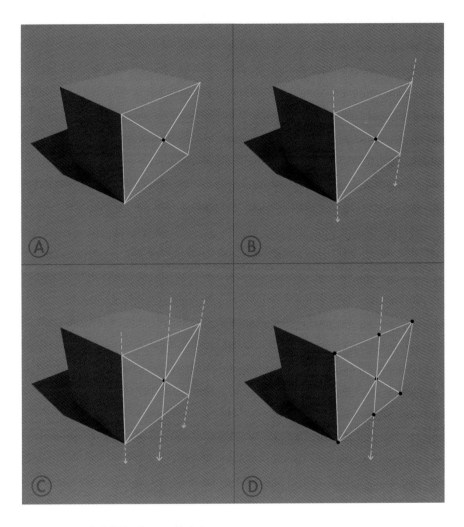

A. 作交叉辅助线找到矩形面的中点；

B. 通过画延伸线或估算，确定矩形面的消失点；

C. 过消失点和矩形面的中点，作一条辅助线；

D. 辅助线二等分了矩形面的上下两边，也二等分了矩形面本身。

（3）如何多等分线段或多等分一个矩形面？

在传统透视制图法中，多等分线段或矩形面是一项烦琐的操作，但现在我们可以利用绘图软件极其轻松地完成这个任务，整个过程简单得近乎有些狡猾。

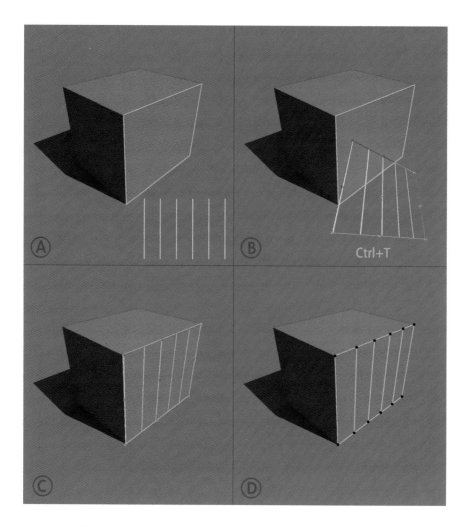

假如我们希望把这个矩形面等分成5份：

A.　在 Photoshop 中新建一个图层，画上6根等距的直线；

B.　利用 Photoshop 里的"变形"工具（快捷键 Ctrl+T）控制画好的线条；

C.　按住 Ctrl 键，拖动变形控制框的四角，使四角与矩形面的四角对齐；

D.　此时画好的线条已经匹配上了方块的透视系统，并且五等分了线段和矩形面。

（4）如何等距扩展线段或扩展矩形面？

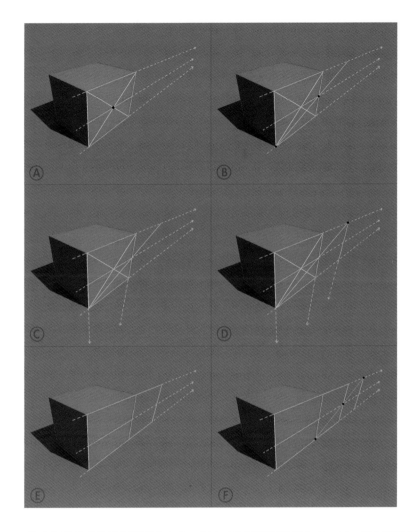

A. 作交叉辅助线找到矩形面的中点，过中点和矩形面的消失点，画一条上下等分矩形面的直线；

B. 过矩形面下角的一点和等分直线在矩形竖边上的交点，作一条辅助线，辅助线与矩形面上边的延长线形成交点；

C. 通过画延伸线或估算，确定矩形面向下的消失点（这是三点透视）；

D. 过图中黑点和矩形向下的消失点，画一条连接线；

E. 最后，扩展出了一个与原矩形面等大的矩形面；

F. 我们还可以通过同样的方法继续扩展更多等大的矩形面。

（5）如何基于中线绘制镜像中的某个点（镜像定位结构点）？

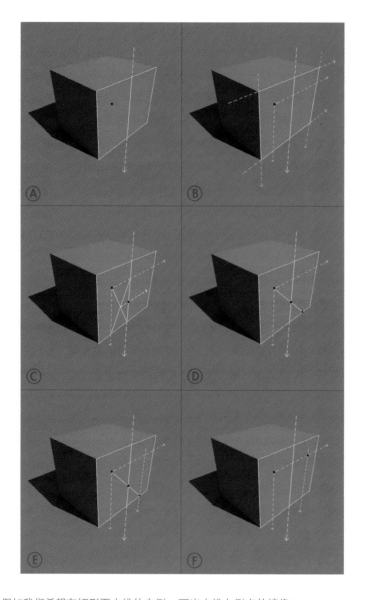

A.　假如我们希望在矩形面中线的右侧，画出中线左侧点的镜像；

B.　以矩形面四边延长线的消失点为参考，过点作延伸向消失点的辅助线，辅助线分别与中线和底边相交，此时我们得到了一个小矩形（实际上接下来的步骤就与上一条"如何等距扩展线段或扩展矩形面"的原理相同了）；

C.　交叉小矩形面的四角，找到中点，过中点作延伸向右侧消失点的辅助线，辅助线与中线相交，得到一个镜像参考点；

D.　过原点与镜像参考点，作一条辅助线，辅助线与底边相交于一点；

E. 过底边交点作一条延伸向下方消失点的辅助线，辅助线与小矩形的上边延长线相交；

F. 辅助线与小矩形上边延长线的交点即为中线左侧原点的镜像点。

Tips：当你希望基于一条中线找到某个原点的镜像点的时候，应用上面这个技巧的要点在于：让原点和中线分别成为一个矩形的一个角和一条边。之后就可以按照等距扩展的方法来操作了。

2. 透视中的基本几何体

在"结构概括的意义"的章节中，我们了解到再复杂的物体，都是可以被概括为基本几何体（或基本几何体的组合或切削）的。那么，如果我们能够在三维空间中画出透视正确的基本几何体，我们也就可以成功地画出那些复杂物体的概括结构。

本小节我们将利用"点定位"的绘图技巧，学会如何在三维空间中绘制基本几何体。

方块在透视空间中的绘制方法，此前我们已经学习完毕。当我们想要绘制其他任何基本几何体的时候，也必须从方块开始。操作的基本思路是：先建立包裹几何体的盒子（即方块），然后根据该几何体的结构特征，在盒子中定位结构点，最后通过各个结构点的连接，完成几何体的绘制。

下面，我将通过较有代表性的"方锥"、"圆锥"和"球体"三个案例来演示点定位技巧在几何体绘制中的应用。

（1）方锥的绘制方法

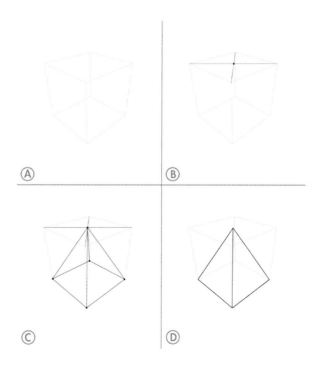

当你试图画某个几何体的时候，务必在画之前，先明确这个几何体的结构特征，比如方锥体，它的结构特征就是：底部是一个四边形，上方有一个顶点。我们只需定位这些结构点，就可以画出一个方锥体。

A.   无论画任何几何体，都先画出一个比例合适的包裹盒子（方块）；

B.   在方块顶部矩形面上，作四角的交叉辅助线，找到中点，即方锥体的顶点；

C.   确定方锥体的底面，将底部矩形面四角的点与顶点相连；

D.   完成透视中的方锥体。

（2）圆锥的绘制方法

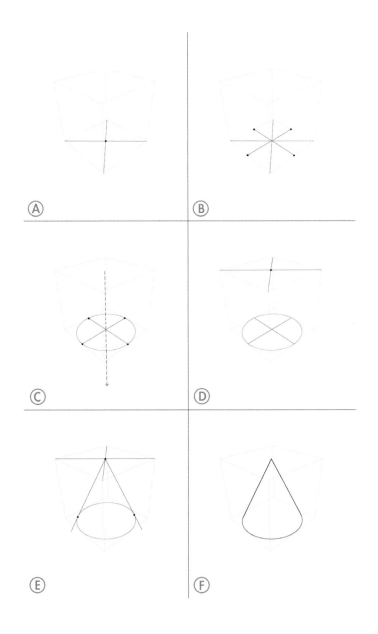

圆锥的结构特征是：底部是一个圆形，上方有一个顶点。绘制圆锥的难点在于如何在矩形面中定位一个圆。

A. 交叉线确定底部矩形面的中点；

B. 过中点，作延伸至底部矩形面消失点的两条辅助线，两条辅助线与底部矩形面的四条边形成四个交点；

C. 过四个交点用平滑曲线连接成一个椭圆。注意：这个椭圆短轴（即左右等分椭圆的红色虚线）的延长线是过中点指向方块下方的消失点的；

D. 交叉线确定顶部矩形面的中点；

E. 过顶部矩形面中点，作两条辅助线与下方椭圆相切；

F. 完成透视中的圆锥体。

Tips： 对于在矩形面中定位一个圆，还有一种方法更为简单，那就是利用 Photoshop 的变形工具作为绘图辅助（如下图）。

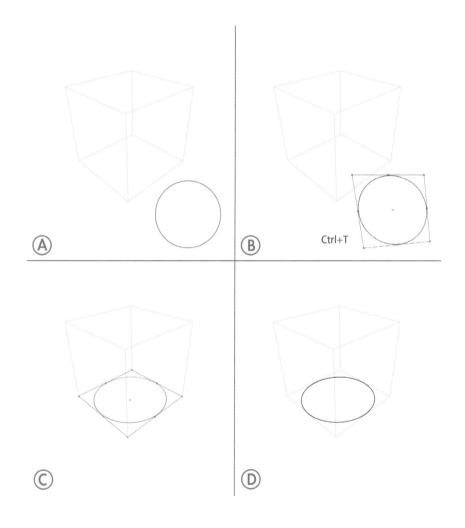

A.　在 Photoshop 中新建一个图层，画一个正圆；

B.　利用 Photoshop 里的"变形"工具（快捷键 Ctrl+T）控制画好的正圆；

C.　按住 Ctrl 键，拖动"变形"控制框的四角，使四角与矩形面的四角对齐；

D.　正圆已经匹配上了方块的透视系统，成为一个透视中的圆形。

当你学会在矩形面中正确定位一个圆，基本几何体中的圆锥、圆柱和圆台体的透视绘制也就迎刃而解了。

（3）球体的绘制方法

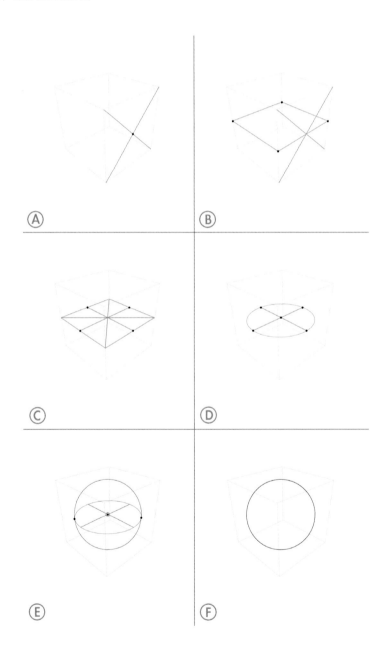

在透视畸变不过分夸张的场景中，球体的剪影基本上都可以被理解为一个正圆。绘制球体的难点在于定位球体横向或纵向的二等分剖面。

A.　交叉线确定方块立面矩形的中点；

B.　过中点作延伸向消失点的辅助线二等分矩形面，其余三个立面也依此法处理，得到一个上下二等分了方块的矩形；

C.　交叉线确定矩形面中点；过中点，作延伸矩形面消失点的两条辅助线，两条辅助线与矩形面的四条边形成四个交点；

D.　过四个交点用平滑曲线连接成一个椭圆；

E.　以辅助线交叉点为圆心，作一个两点相切于椭圆的正圆；

F.　完成透视中的球体。

在步骤 E 中，由于我们已经确定了球体的二等分剖面，因此，在画好相切正圆之后，通过擦除正圆的上半部分或下半部分，也就可以得到相应的半球体了。

至此，我已经把足以绘制大部分物体概括结构的透视绘图技巧讲解完毕了，下一步，就轮到你通过大量的实战练习，把这些技能彻底掌握。

六、结构翻转训练

如何验证自己是否已经掌握了对物体结构的概括能力呢？

这应该是许多初学者都存在的一个疑问。

我见过不少正在走弯路的自学者，他们认为能够准确地临摹一组石膏几何体的静物照片，就等于掌握了结构，甚至直接把这种临摹行为等同于在练习结构，这是完全错误的。写生和临摹中的准确，仅仅是在考验你的观察和对比能力。

也就是说，这顶多算是在二维状态下对图像的复制能力，它离真正可以应用在创作中的再现性的能力还相距甚远。

真正掌握结构，你必须要过"结构翻转"这一关。

所谓的结构翻转，就是在你对物体结构有了清晰认知之后，能够做到轻松、快速地画出这个物体在任意观察角度下的状态。

结构翻转在创作实践中的意义又是什么呢？

结构翻转可以提高你对透视图的快速表达能力；

掌握结构翻转，你还可以做到统一透视系统，轻易地把参考资料中的造型融合到你的创作中；

同时，写实绘画中的光影色彩和物体环境的结构密切相关。对结构的透彻理解，有助于提升光影色彩的学习效率，而掌握结构翻转正是透彻理解结构的一个标志。

我们将通过两个具体案例，了解结构翻转练习的基本思路和操作方法。

（一）结构翻转示范一——小建筑

在这个示范中，我们将对小建筑做变换观察角度的结构翻转：

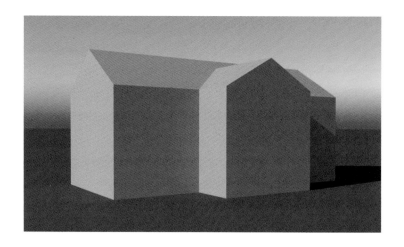

进行结构翻转练习之前，你必须对所要绘制的物体结构有一个清晰的认知。如果你的结构翻转练习基于一个现成参照物（如上图），那么观察对象是第一步。通常，我在这个阶段会关注三个方面的问题：

假设物体被一个盒子（方块）完全紧贴包裹，这个盒子的长、宽、高比例大体是什么样的？

物体是由什么样的基本几何体组成的？假如这些基本几何体都被小的盒子所包裹，又应该是什么样的？

物体的三视图（具备造型特征的平面图和立面图）是什么样的？

我在考虑这些问题的时候，有时会勾画一些草图：

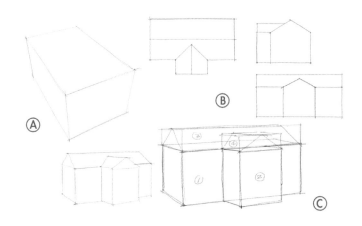

通过观察物体原型和勾画草图，我确定了包裹物体的盒子的比例（目测估算即可，上图A）；并把物体较有造型特征的平面和立面画了出来，这将有利于我确定物体"次一层级结构"的比例关系（上图B）；然后，我对物体进行了几何结构分析，发现这个物体基本上是由四个部分构成的，并且画出了各个部分被包裹上小盒子之后的草图（上图C）。

画上面这些草图并不是必需的步骤，当你对结构的控制力足够好的时候，是可以直接徒手画透视图的。但在初学阶段，画草图可以帮助你厘清思路，透彻了解物体的结构组成。从这个角度来说，草图画得好不好、准不准确并不重要，你要意识到草图本质上是辅助思考的工具。

言归正传，让我们开始正式绘图吧。

1. 绘制与建筑整体紧贴的包裹盒子（方块）

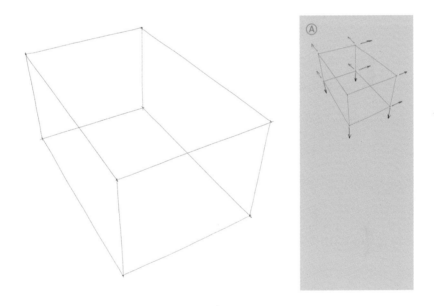

A. 估算建筑整体的长、宽、高比例，绘制盒子；在画盒子的各条边时，注意让平行边体现出汇聚于远处消失点的趋势。不需要真正画出消失点，目测估算即可。

2. 确定建筑底面形状

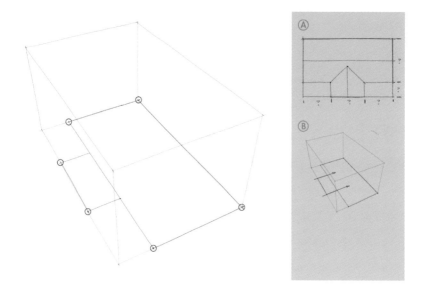

A.　估算底面形状的各个结构点在盒子各边上的位置，用点定位的技巧画出它们；

B.　在绘制这两条边时，注意线条应该指向盒子右侧的消失点。

3. 绘制建筑主体 –1

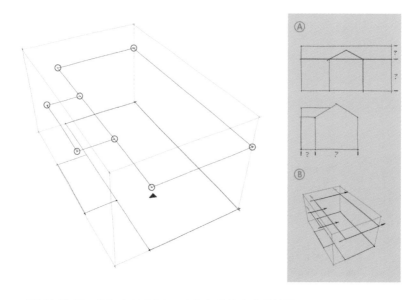

A.　对照草图比例，优先确定图中打三角标记的这个点的位置。

B.　注意：线条指向两侧的消失点。

4. 绘制建筑主体 -2

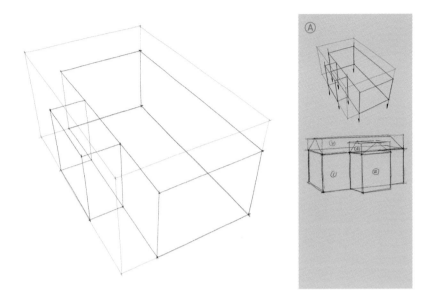

A.　直线连接两个图形，完成草图中1、2号方块的绘制。

5. 绘制大屋顶 -1

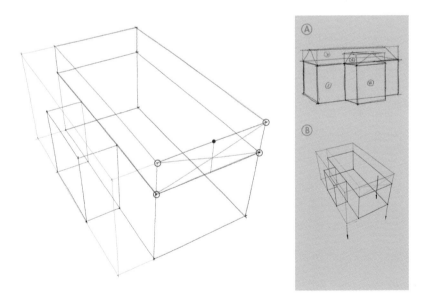

A.　大屋顶是被包裹在3号方块中的，它是一个三角形截面的放样拉伸。因此，优先画出三角形，通过交叉线找出中点，然后过中点找到三角形的顶点。

B.　注意：过中线所作的直线指向下方消失点。

6. 绘制大屋顶 -2

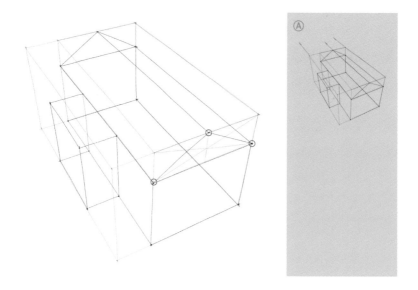

A. 直线连接各点，完成大屋顶三角形截面的绘制；过三角形顶点，绘制顶部屋脊线。

B. 注意：线条指向左侧消失点。

7. 绘制小屋顶 -1

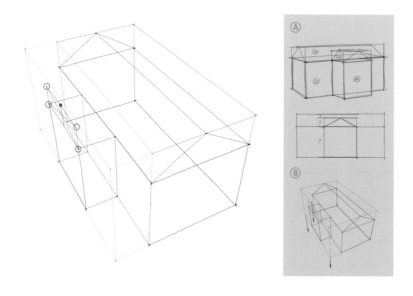

A. 小屋顶是被包裹在 4 号方块中的，它也是一个三角形截面的放样拉伸。通过草图估算三角形结构点在正立面图中的位置，确定一个矩形面；

B.   通过交叉线找到矩形面的中点，过中点找到三角形的顶点。注意：过中线所作的直线指向下方消失点。

8. 绘制小屋顶 -2

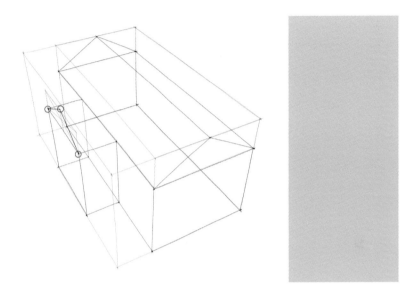

A.   直线连接各点，完成小屋顶三角形截面的绘制。

9. 绘制小屋顶 -3

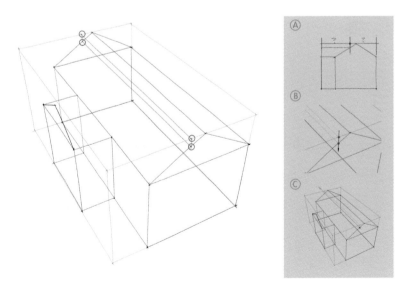

这一步是难点，我们要确定小屋顶的屋脊线在大屋顶的斜面上的交点。

A. 参考草图立面图，估算并绘制出交点在盒子侧边的纵向"投影位置点"；

B. 过"投影位置点"作指向下方消失点的辅助线，辅助线与三角形斜边相交为一个交点；

C. 过交点作指向左侧消失点的辅助线。

10. 绘制小屋顶 -4

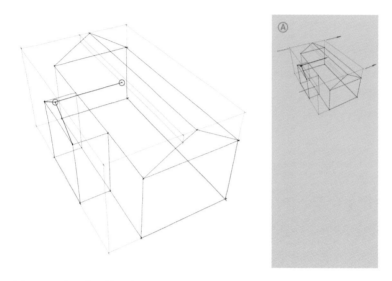

A. 过小屋顶三角形截面的顶点，作屋脊线与上一步骤中的辅助线相交。

B. 注意：屋脊线指向右侧的消失点。

11. 绘制小屋顶 -5

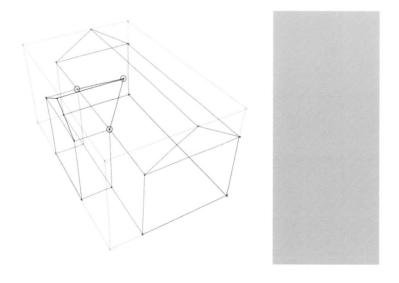

A.　直线连接各点，完成小屋顶与大屋顶结构衔接处的绘制。

12.完成透视图的绘制

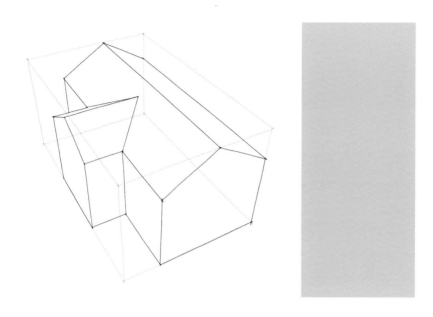

A.　擦去建筑背面被遮挡的结构，这样就完成了一个建筑的结构翻转练习。

（二）结构翻转示范二——交通工具

在下面的案例中，我将对这个经过改造的汽车进行变换观察角度的结构翻转。

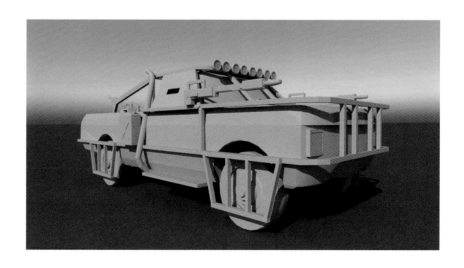

相比小建筑，这辆汽车看起来似乎复杂了很多……别被吓到，这个世界上大多数看似复杂的物体，它们的概括形态其实都非常简单——对，重点就是，我们得在绘画之前主动对它们的结构作概括。

首先，一定要果断忽略那些琐碎的细节和微妙的曲线。例如，上图中车体外挂的铁架和车身侧面轻微的弧度，这些细节令你感到头大的原因，是由于在它们上面难以找到偏向基本几何体的、透视规律明确的结构点。如果先把汽车本体的概括形态给画好，在已经得到诸多参照结构点的情况下，搞定这些细节并不是太难的事情。

我会先把这辆汽车看成这样：

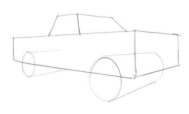

主动忽略不必要的细节之后，这辆汽车的基本结构就呈现出来了。如你所见，无非也就是一些圆柱、方块和方台的组合，结构点并不太多（好的概括，结构点一定要尽可能少一些）。那么，初步绘图的目标就是把上面右图中的这些转折和结构点在盒子（方块）中定位出来。

照例，先画些草图以明确结构和比例关系：

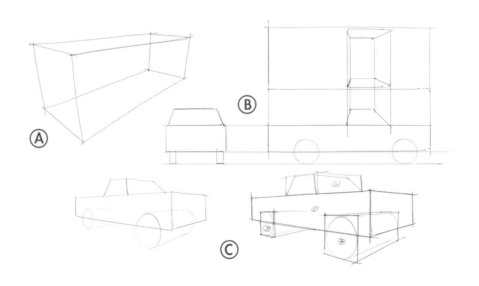

开始绘图：

1. 绘制与汽车整体紧贴的包裹盒子（方块）

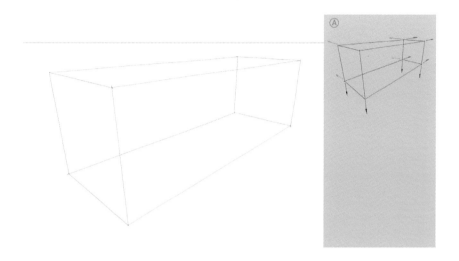

A. 估算车辆整体长、宽、高比例，绘制盒子；在画盒子的各条边的时候，注意让平行边呈现出汇聚于远处消失点的趋势。不需要画出消失点，目测估算即可。

2. 绘制中线

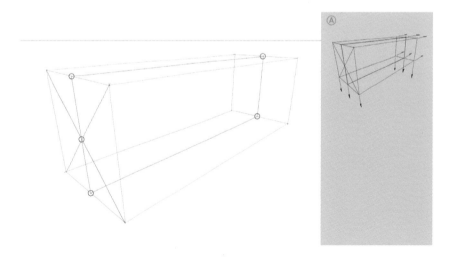

A. 汽车是对称物体，先画出中线有利于找到镜像参照点，注意线条应指向右侧和下方的消失点。

3. 绘制基本体块（小盒子包裹）

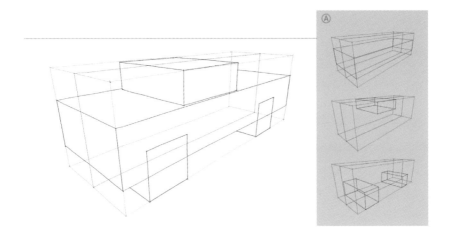

A. 如草图所示，汽车基本上由三部分（方块、方台和圆柱）构成，把这些体块各自用小方块包裹起来，在大盒子中分别定位这些小方块的结构点。

4. 绘制车轮 -1

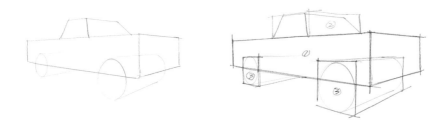

A. 注意：车轮与车身外侧是有些距离的，所以，在这个步骤中，我们需要把车轮的外侧面向内偏移一些。

5. 绘制车轮 -2

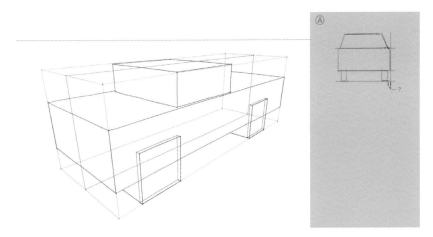

A. 交叉线确定车轮矩形面的中点，作十字线，注意十字线应该指向消失点，然后用平滑曲线过十字线与矩形面的交点画椭圆。

6. 绘制车顶、A 柱和 C 柱 -1

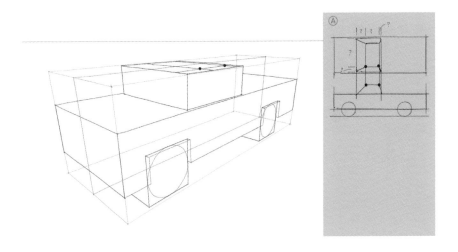

A. 汽车车顶、A 柱和 C 柱的构成，可以被概括为一个方台体。方台体绘制的难点，在于定位图中车顶上标记的两个红点的位置。我们可以先在草图中估算大致比例（红点距离包裹盒子各边的距离），然后用点定位的方法，在透视图的矩形面上画出其中一侧的结构点。

7. 绘制车顶、A柱和C柱-2

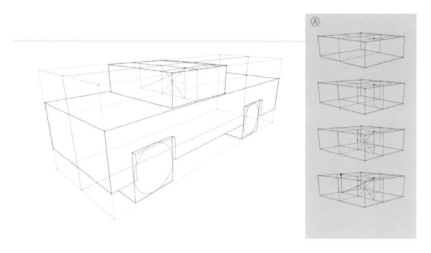

A. 在定位好车顶一侧的两个结构点之后，使用镜像定位结构点的方法，把另一侧的结构点也给画出来。

8. 绘制车轮拱板的形状

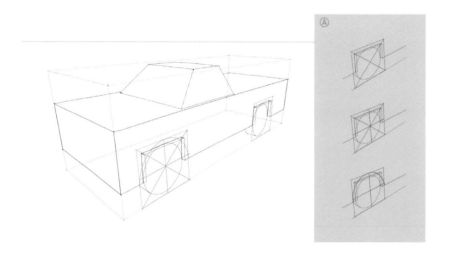

A. 车轮拱板是比车轮大一些的同心圆。先将初始的车轮矩形面向外扩大一些，然后，使用交叉线确定车轮拱板矩形面的中点，作十字线，注意十字线指向消失点，然后用平滑曲线过十字线与矩形面的交点画椭圆，完成车轮拱板的绘制。

9. 修饰车头和车尾形状

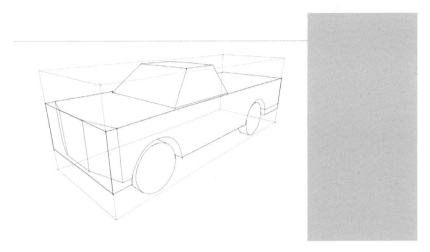

A. 参考草图，用点定位和镜像定位结构点的方法，整理车头和车尾的形状，使之更加贴合汽车的概括结构。但是要注意，务必使结构点的数量不要过多，一定要保持概括结构的简洁性。

10. 汽车结构概括完成

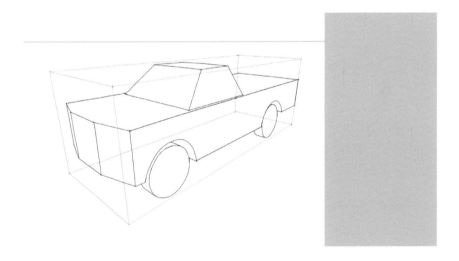

A. 到这一步，我们在透视中用很有限的结构点，概括出了汽车的整体结构。此时这些结构点就成为即将被添加的各种复杂细节的参照物了。

11. 绘制车体

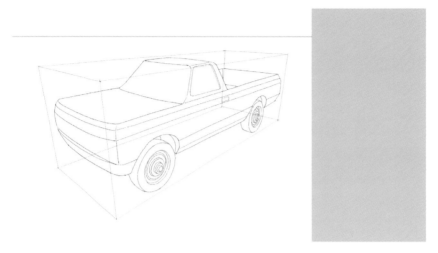

A. 新建图层，对照已定位好的各个结构点，用平滑的线条把车体绘制出来。在这个阶段，你可以开始处理一些微妙的曲线了，例如，车身侧面轻微的弧度，不必过于小心翼翼，大胆进行目测，在概括结构的透视正确的情况下，细节就算画得不太精确，总体看起来也不会错得太离谱。

12. 绘制细节，完成

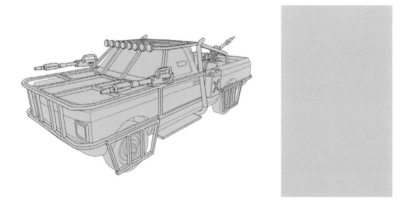

A. 加上复杂的细节，包括外挂的铁架、车灯以及武器，由于已经有了许多现成的、有透视规律的参照物和结构点，绘制它们变得比最初时候显得简单了很多。

最后，我们完成了这个结构翻转作业。

（三）结构翻转经验总结

结构翻转是一种能够检验结构认知和概括能力的练习方法。

最初的时候，你会感觉整个练习过程显得有些愚笨——结构翻转几乎无巧可取，它的基本原理异常简单：

通过在方盒子中定位一些具有参照作用的点，然后比对这些参照点来添加细节，进而画出复杂的物体。

然而，当你真正地把这种技能掌握到位，你就会发现这是一个"以不变应万变"的工具。物体再复杂，也都是可以被概括的，而被概括之后的物体，一定可以通过点定位将结构置入透视空间，随后添加细节，最终还原成自然形态。

当然，无巧可取并不意味着没有科学的学习方法。以下，我总结出了一些个人经验。

1．练习素材的选择：由易到难

结构翻转的操作流程是比较烦琐的，特别是对于一些复杂的物体，在绘制过程中，你必须保持清醒的大脑，并且投入相当大的耐心。不经意的一个疏忽，某个结构点可能就被你给瞎画上去了，这样就无法达到练习的目的了。

"由易到难"是入手这项技术的好策略，特别是对于练习素材的选择上。

我建议的各阶段练习素材：

（1）在三维软件中建立方块，以之为素材进行临摹练习

三维软件可以确保透视是正确的。临摹透视正确、观察角度不同的方块，有助于快速形成空间意识。这个阶段的重点在于——临摹方块的时候，务必留意方块各边的消失点，通过临摹获取方块透视表现的实践经验。

（2）徒手默写各种比例不同、观察角度不同的方块

在你能够带上空间意识（估算消失点）成功地进行临摹方块的作业之后，你就可以开始尝试进行方块默写。用上你在临摹中获得的经验进行默写作业。你还可以把自己的默写作业与三维软件中的方块模型进行对比，通过改进，逐渐让你的默写变得更为自然。

（3）徒手默写比例不同、观察角度不同的基本几何体（的组合或切削）

在这个阶段，先默写方块，然后在方块中定位绘制基本几何体所需的各个结构点，最后复原基本几何体的透视呈现。这是一个熟能生巧的过程，开始时可能进展缓慢，但准确度提高之后，作业速度就会加快，务必更加耐心一些。

（4）以偏向方块形态的物体（或这类照片）作为素材，进行变换观察角度的结构翻转练习

偏向方块形态的物体具有比较明显的透视规律，上手比较简单。你可以找一些类似于"方桌""偏方正的建筑""衣柜"等的素材照片，先估算它们的长、宽、高比例，绘制空间中包裹盒子，然后在盒子中找到定位点，最后添加细节完成结构翻转。

（5）以稍复杂的工业设计造型（或这类照片）作为素材，进行变换观察角度的结构翻转练习

大多数现代工业设计造型都具有比较明显的几何体特征，它们大多是由几何体进行切削或组合而行成的。进行这类结构翻转作业的时候，务必先对物体作概括，抓住大的比例关系，忽略不必要的细节和曲面，如此方能利用有限的结构点还原复杂物体。

（6）以室内或较规则的室外环境照片，进行变换观察角度的结构翻转练习

下图看似非常复杂，然而大多数室内空间本质上也就是一个盒子，陈设的物件也都可以被盒子所包裹，因此它们也是用作结构翻转练习的好素材。

注意：形状过于不规则的物体，不适合当作这个阶段结构翻转作业的练习素材。

（7）使用结构翻转相关技能进行创作

下面两个设计是我日常的创作练习，应用结构翻转中的"基本几何体概括—点定位—添加

"细节"的技巧，画出它们并不像你想象的那么难。学习任何绘图技术最终都是为了更流畅地表达想法，因此，大胆地把在结构翻转中习得的经验应用在创作中，也是一种非常有效的练习方式。

2. 关于练习的"严谨度"问题

在进行结构翻转作业的时候，为了平衡"贴近物体真实形态的程度"与"绘制时的繁复程度"，往往我们在绘图时需要进行一些目测和估算。在此前的内容中，我已经表达了我的观点——人眼的观察存在一定的容错区间，在容错区间内以损失一些精确度为代价，节约了大量的绘图时间是可行的。

那么，在结构翻转作业中，应该如何平衡这个"严谨度"的问题呢？

在你接触结构翻转练习的初期，我希望你能够严谨一些。特别是在一些关键的结构点的定位上，务必做到"有根据，不瞎画"；而在整体方盒子消失点定位和物体比例方面，则可以进行估算。

当你通过反复练习，技能逐渐变得熟练之后，就可以提高你在结构翻转作业中目测和估算的比例。

比如，"镜像定位结构点"和"矩形面中定位正圆"这样比较烦琐的操作，足够熟练的话，是可以跳过点定位直接徒手绘制的，这样能大大提升你的绘图速度。

综上所述，我的建议就是：

先学会严谨、有根据地画对物体结构。目测能力变强之后，再主动地放弃一些精度，以获取速度方面的提升。最终达到只需要使用很少的辅助线或盒子包裹（甚至不需要），也能徒手绘制出透视合理、结构准确的物体。

3. 结构翻转的一些操作要点

（1）无论你面对的是什么样的物体，第一件要做的事都应该是"观察"

一方面，你要观察物体的总体比例，而不是过分在意细节的繁复。物体的总体比例决定了整体盒子包裹（方块）的长、宽、高。

另一方面，你要观察物体的结构特征，比如：物体是不是对称型（如果是，可以先找到中线）；物体是不是呈现为截面放样的形态（如果是，可以先确定几个截面的形状，然后加以连接）；物体是不是看上去像一个金字塔；等等，物体的结构都是有一定特征的，抓住特征是重中之重。

（2）分析物体的组成，用"小盒子包裹"的方法看待物体

多数复杂物体都是由许多简单物体组成的，而这些单独的组成部分也可以像整体一样被置于盒子（方块）中。假如你能先把这些小方块在大方块中定位好，找到其他结构点就不会那么困难了。

（3）尝试勾画三视图和透视草图

三视图可以帮助你明确物体具体的比例关系；透视草图可以让你直观地感受到物体将要呈现出来的样子。

（4）画数量更少但尽可能更准确的结构点

结构的数量和绘制透视图时的繁复程度是正相关的。过多的结构点意味着结构把控难度的增加。通常我只画具有参考意义的必要的结构点，剩余细节则以结构点为参考，依靠目测和估算徒手绘制完成。

（5）在大体结构上投入更多时间，而不是在细节上投入更多时间

物体的细节依附于整体的概括结构。假如概括结构或者大的比例关系没有画对，画上再多精致的细节也毫无意义，这就和"五官再精致，位置总得先长对了"是一个道理。因此，在一个结构翻转作业的概括结构阶段多花点时间是明智的，它将为细节描绘打下基础。

复杂物体上那些细节和曲线，不要在概括确定结构点的阶段去考虑。它们应该在绘制完稿线条的时候参照结构点进行逐一绘制。

第 4 章

审美与构成

一个常见的，与审美有关的，并且很有争议的议题是：

"审美是否存在高低之分？"

一些人并不认同审美能力存在高低的差别。你觉得 A 好看，我觉得 B 好看，凭什么你的审美就一定比我的高呢？

对此，我个人的看法是，审美当然有高低之分，对于有志提升自己绘画和设计能力的人来讲，这简直无可争议。假如审美没有高低之分，没有业余和专业的差别，我们不断地去感受更美好的东西，并且不断练习的目的和意义何在？

当然，有一些问题你得拎得清：

多数时候，审美判断应该约束在具有共性的事物范畴中。比如，洛可可风格的美，是奢华和繁复的；而极简主义的美，是节制和简约的。这两种风格并不适合放在一起进行审美对比。但在它们各自的领域，却必然存在更优秀或更拙劣的个体差异，这种差异从专业角度是可以做出辨别的。

另外，由于更好的审美能力总是掌握在专业人士手中，而专业人士在总体人群中的比例必定又是少数，在商业领域中，出于一些现实考虑，很多厂商和制作方会选择依从而非引导消费者或观众的审美。这也就是我们之所以看到大量审美并不过关，却依然卖得很好的产品存在的原因之一（其他类似于制造成本等综合的考量，也可能使视觉上的审美无法成为高级别的决策权重）。

但是，话说回来，通过自己的专业能力想方设法地提升大众的审美品位，也正是称职的设计师的职责之一，伟大的改变总是需要一些时间的。

接下来，我们把关注点聚焦于图像的审美问题上。

当我们希望以图像的形式向观众表达自己的想法时，大多数情况下，除了图像内容本身之外，我们要面对的是两个基本要求：

一是我们希望这个图像看起来是"可信"的；

二是我们还希望这个图像看起来是"美"的。

诸如之前章节中的结构与透视，以及此后光影、色彩渲染等内容都是为了满足图像的可信度这个要求。如果你的创作能够在一定程度上接驳观众既有的视觉经验，观众就会认为你的创作具有某种视觉上的可信度。

但是，这种可信度并不等同于美，举个例子：

一位水平业余的摄影师给一个长相漂亮的姑娘拍照，结果拍出来的照片看起来非常糟糕，毫无美感可言。

照片当然很真实，姑娘也是美的，但由于某种技术上的原因，导致照片不美。

当我们在讨论审美的时候，本质上就是在讨论这个"技术上的原因"。

接着看下图：

这是一张拾荒者的照片，流浪汉应该并不具备世俗意义上的美感。当你把注意力放在照片内容（即流浪汉本身）上的时候，你会产生"肮脏、劳累、贫穷、疾病……"这样负面感受的联想，对吧？但是，从另外的角度，我们又会觉得，作为摄影作品来说，它好像还挺不错。

你需要接受的第一个也是最为重要的一个关于审美的认知：美和物体究竟是什么关系并不大。

那么，美到底和什么密切相关呢？

答案是美与抽象对比密切相关。

一、审美趣味与抽象对比

在视觉艺术中，抽象是相对于具象而言的，请看下图：

这是一张表现了"晴天里，数个南瓜被放置在旧屋子前破旧木板上的状态"的照片。

那么，"晴天""南瓜""旧屋子""破旧木板"这样具体物件和故事的描述，就是具象的描述方式；而抽象的描述方式是"上方和下方低饱和的灰色色块，衬托着中部若干个明亮的橙红色的点状图形"。

请体会这两种描述方式的区别，具象的描述方式关注的是内容，而抽象的描述方式更多是关注这些内容在形状和色彩上的基本特征。当我们进行审美和设计的时候，这些特征就是我们所要把控的重点。

(一) 抽象对比关系的概念

抽象对比关系常常是以一组一组的反义形容词结对出现的，例如：

大的和小的；

多的和少的；

疏的和密的；

方的和圆的；

鲜艳的和灰暗的；

类同的和特异的；

平滑的和曲折的；

光滑的和粗糙的；

规则的和不规则的；

……

诸如此类，我们所见到的一切事物，包括我们将要创造的图像，从抽象上看，都是由一组一组的反义词形成的或强或弱的对比关系。而审美趣味方面更成功的图像，在这些对比关系的协调和搭配上也总是做得更好。

在抽象对比上，上面这些摄影照片显得有趣的原因都可以被归纳为若干组的对比，例如：

繁复的（背景细节）和简洁的（女装造型）；

大的（背景面积）和小的（前景人物）；

暗沉的（背景颜色）和明亮的（服装色彩）；

……

规则的（建筑轮廓）和不规则的（窗子造型）；

浅色的（建筑主体）和暗色的（环境）；

……

在许多大师的绘画或设计作品中，我们也可以看到类似的抽象对比，只不过大师们有时总是把对比做得更加丰富和微妙，但道理在本质上是异曲同工的。

　　这是欧洲画家安德斯·佐恩（Anders Zorn）的画作，用抽象的眼光去看这幅画，你会发现画面中有许多有趣的对比，比如大面积的灰绿色和小面积的鲜红色的对比；大面积的亮调子和小面积的暗调子的对比；等等，这些对比使我们对这幅画印象深刻。

　　华金·索罗拉·巴斯蒂达（Joaquin Sorolla y Bastida）的这幅油画也存在着很多对比：大的灰调的（母亲的头部）和小的鲜艳的（婴儿的头部）的对比，以及两个角色与整个环境在面积和明度上的对比都十分有趣。

（二）利用抽象对比关系使图形变得有趣

做一个小实验，看看抽象对比是如何影响图形趣味的。

我先在一个空白的画布上随意地画了一团乱线，这团乱线几乎毫无规律，我相信你很难盯着它看上10秒而不感到厌倦。

既然它因毫无规律而无趣，我们就赋予它一个规律，比如，让它呈对称分布。我在裁掉图形的一部分之后，对它进行了镜像拼合。

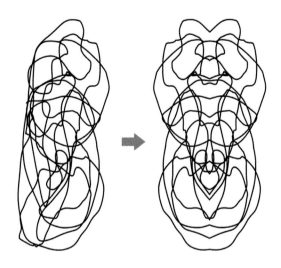

　　图形似乎真的变得有趣了一些，究竟是什么让这个仍然毫无意义的图形变得值得玩味了呢？并不是因为我画出了一些你看得懂的内容，而是因为对称是一个规则，对称的规则，与原图形中不规则的部分形成了对比，因此它变得有趣了。

　　由此，我们发现了一个抽象审美上的秘密：创造对比，可以提升图形的审美和趣味性。

　　基于这个原则，我们可以尝试从另外一些角度对原图进行改进。比如，在杂乱的曲线图形中创造一个有规律的几何图形作为对比。

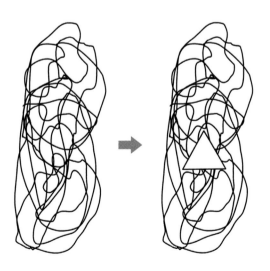

　　杂乱图形中规则的三角形是不是顿时赋予了这个无意义图形更多的趣味？

　　再如，我们还可以尝试改变原图形中的疏密关系、大小分割以及线条的粗细对比。

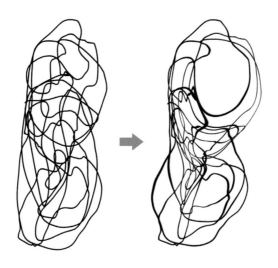

在调整上述对比关系之后，图形的趣味性也得到了提升。

让我们回到之前这张以流浪汉为主题的摄影图片：

重新开始以抽象对比的角度去看它。相比之前，你是否可以发现那些来自对比而产生的趣味或美感了呢？这些感受来自那些明和暗的比例对比，来自模糊和清晰的对比，来自粗糙和光滑的对比，也来自信息量多寡的对比。

这一小节中，我们初步对抽象对比的概念做了一些了解，也体会到了调整抽象对比关系在提升审美趣味上的重要作用。在你好奇应该如何把这些技能运用在创作中之前，你得先学会如何进行正确的抽象对比观察和分析。

二、抽象对比的观察和分析

如何提升审美？——这又是一个初学者喜欢提出的经典问题。

常见的一些建议是：

你多看美的东西，然后你的审美就会变好了。

多看还不够，你得多画，多画才能提高审美。

你得把黄金比例或者斐波那契曲线想方设法套到你的图里去啊！

你得学会在看图的时候，在图上标记各种各样的曲线，即便那些曲线你根本看不出来……那你也得标记上去！

很多人几乎都快被这些建议给淹没了。然而，这些建议要么丝毫不具备可执行性，要么说了等于白说，要么干脆就是彻头彻尾的谬误。

我也曾在这些不负责任的建议中泥足深陷，在摸索着走过那一段令人难忘的弯路之后，我总结出一个关于抽象对比的个人心得或者说是构成原则。在日常创作中，我一直在尝试运用这些原则并且收获颇丰。

（一）抽象对比的四种基本形式

前文提及的抽象对比，可以被理解为一组一组的反义词。例如，形状大小或颜色深浅的抽象对比。

看下面的柱状图，把每个柱体理解为某一程度的单项指标，把整个柱状图理解为完整的画面。

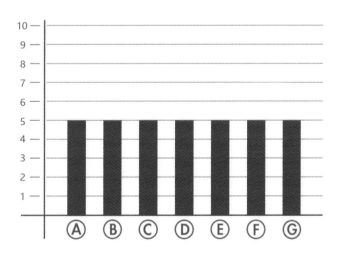

为了便于理解，你可以不太严谨地先把这个柱状图看成一首歌曲，A~G 是不同的音高，柱体高度代表在这首歌曲中，该音高的数量与其他音高的比例关系。

代入图像中，比如，我们把每个柱体看作单项对比元素（如"明度阶对比中的明和暗""纯度对比中的灰和鲜""简繁对比中的简洁与复杂"等），柱体的高度看成一幅画中的某个单项对比元素所占画面面积的比例状况。

那么，通常来说我们能看到的是这样的四种抽象对比关系。

1. 平均分布状态

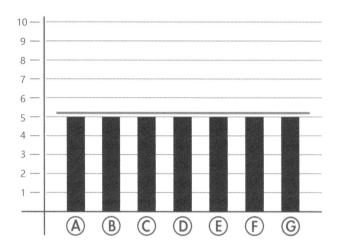

在平均分布状态中，各个元素的占比都很相当，你看不出哪个单项对比元素是重点。我们也可以把它看作"缺乏对比的状态"。平均分布状态很适合作为一种衬托（就像墙纸那样，它不是主角，但能很好地衬托主角）。

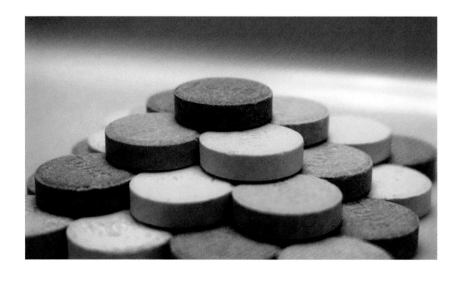

每一种颜色的药片，数量和面积都比较相当。因此，你无法对其中任意一种药片产生更为深刻的印象。

接近平均的土地龟裂，平均分布的裂纹使你很难长时间把注意力停留在图片的任意一处。

2. 线性分布状态

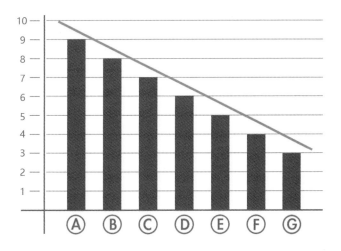

在线性分布状态中，每个单项对比元素占比虽有不同，但各自差距并不明显，并没有一个占据了绝对强势的地位。在这种近似于过渡的分布状态中，重点也是无法得以有效突出的。

　　按照透视规律呈现出大小差别的方锥体。从抽象对比上，图形虽有大小差异，但个体的差距并没有显著拉开。

　　天空至上而下、由蓝到青的渐变过渡，也是一种线性的色彩分布。图片上天空色彩的递进是匀速的。

3. 曲线分布状态

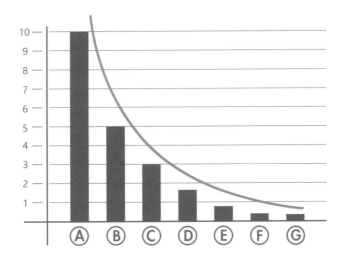

在曲线分布状态中，我们可以轻易发现哪一个单项对比元素占据了绝对的强势地位。强势的和弱势的有着明显的对比，这是一种能够有效产生关注的分布状态。

广角镜头下的旋转楼梯，呈现出类似于鹦鹉螺曲线一般迅速的尺寸变化。曲线与线性分布的差别在于个体拉开的差异变得更加显著。有时曲线分布能够给人一种加速度或者能量衰减的感受。

天空中的云受到风力作用，呈现出一种曲线分布的形态，每一层云彩在面积上的剧烈变化使静止的图形产生了速度感和聚焦的印象。

4. 带噪声的非线性分布状态

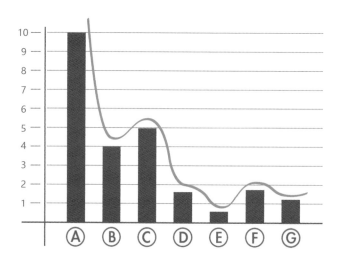

非线性是自然界复杂性的典型特征之一，噪声指的是一些干扰因素。我们所能见到的大多数带给我们"看起来很自然"这样的感觉的事物，都存在着这种分布特征。在这种分布状态下，强势的单项对比元素的地位还是鲜明的，整体趋势也仍旧明晰，但次要对比的变化由于噪声而变得更加丰富了。

我们可以从上面这张图片中感受到大量气泡分布的趋势，但这个趋势却并不刻板。你会发现整个图片呈现出"整体有趋势，局部有变化"这样一种状态，同时，你也很容易把视线停留在画面中一些影响力显然更大的位置上，产生注意力的聚焦。

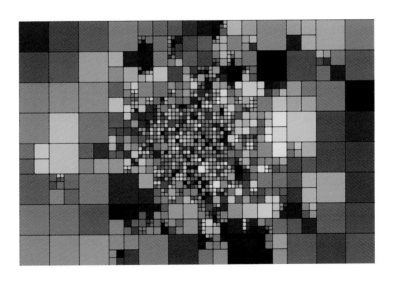

从上面的这个图案中，你应该也能感受到一个大体的规律：从四周到中心，方块逐渐变小。与此同时，你还能发现一些"噪声"干扰，你在大方块分布的区域中，能看到一些小方块，反之亦然，且同时这些噪声并不破坏整体趋势，并且让图形显得更加自然了。

需要引起注意的是，以上四种分布状态，仅仅代表了不同对比的分布形式的区别，而并不代表任何分布状态优劣的倾向。事实上，在创作中这些分布状态都会用到，只不过使用它们的场境有所不同罢了。

（二）层级关系

"层级"这个概念，在观察和对比的章节我们已经有所了解了。在抽象审美和设计中，也一样存在着层级关系，看下面的示意图：

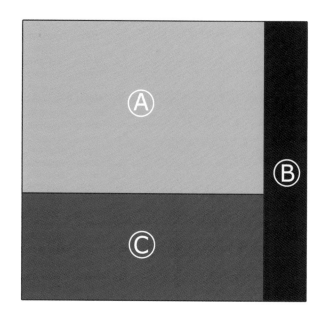

从明度的亮暗上看，调子的关系是 A>C>B；

从面积的大小上看，分割的关系也是 A>C>B。

我进入 A、B、C 中进行了二次明度设置和二次分割（如下图）：

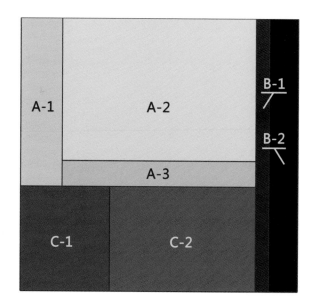

与原图对比：

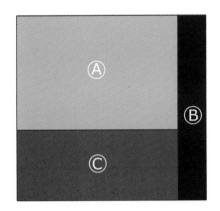 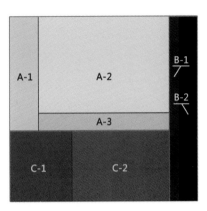

可以看到，即便我对 A、B、C 做了细分，之前的大的对比关系却并没有被破坏，你感知到的依然会是红线所示的总体对比，细分后的图形仍然继承了整体关系。

假如进行了不恰当的二次操作（注意下图中 C-2 的明度变化），例如：

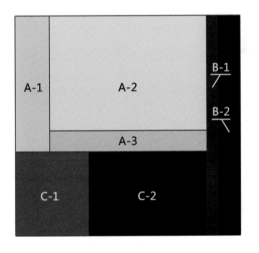

与原图对比：

 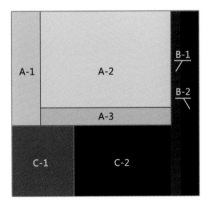

对比最初的分割，你会发现，图形的整体关系已经无法延续下来了，你感知到的（红线所示的）分割与原始图形的分割已经不再相符。

这就是初学者经常犯的破坏整体关系的毛病了。

正面例子中的"子关系继承、丰富父关系，但并不破坏父关系整体对比"的意识，我把它称为层级关系的协调。

这幅插画创作中存在许多细节：干枯的杂草、旧车上的斑斑锈迹、一些尖刺、两个打扮怪异的亡命之徒以及驾驶座上奇葩的大老鼠布偶。

你当然也可以把这些细节当作抽象对比进行分析。但是，一开始就陷入局部的审美分析是不理智的。你应该先找出上文所述的父关系对比，然后才是父关系中的子关系对比。

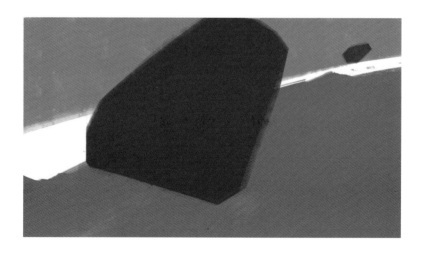

请从画面最大的分割中感受上图这样的父关系。底层级的父关系虽然简洁，却无比重要。无视一些细节，优先观察和分析父关系，是找到足以影响全局的主要对比的唯一方法。

在父关系中，仍然存在更多的局部对比，它们是次要层级上的子关系。你眯起眼睛观察上图，会发现这些局部对比的添加，并没有破坏父关系的层级，这就做到了层级关系的协调。

优先确定好父关系的对比，有助于更到位地把握子关系对比的强度——在父关系的强度限制下，子关系对比的确定就变得更有的放矢了。

（三）运用抽象对比形式 + 层级关系进行观察和分析

多看好的东西（或好的作品），就一定能够提升审美——这句话只对了一半。

作为视觉艺术的学习者，如果你依然像行外人那样，以看热闹的眼光去"多多看图"的话，这多半只会把你变成一个视觉感受能力不错的行外人，离成为一个对视觉美感有把控能力的专业人士还差着十万八千里呢。

专业的"看法儿"应该怎么看？

诀窍在于结合抽象对比形式和层级关系，对所观察的画面和事物做主动的审美分析。

我们仍以佐恩这幅作品为研究范本：

假如你关注的是：

"WOW……妹子好萌！裙子好鲜艳！灰色调好高级！"

或者：

"原来大师用的绿色，饱和度是这样的啊，以及原来暗部是这么暗。"

如果你进行的是像上面这类的分析，只能证明你还是在以一个非专业的状态进行审美。为什么呢？因为你一不小心就踩中了两颗审美地雷，一颗地雷叫作内容化，另一颗叫作绝对化。

在本章开头我们谈过，图形或图案的趣味和美感，来源于抽象对比，而不是内容。因此在审美分析的时候，你一旦优先赞叹内容，就说明你还未触及审美的本质——抽象对比，这是不对的。

绝对化呢？

一些同学可能有过这样的经验：

你看到一幅大师作品中有几片颜色特别漂亮，简直惊为天人。于是你记住了这些颜色，并在自己创作的时候进行运用。然而结果却大不如人意，在大师作品里鲜活透亮的颜色，到了你的画面中却显得脏兮兮的。可是，你取的明明就是那些颜色，没毛病啊！

这个问题的症结，举个不是特别严谨的例子：大师画的是天空，因此他画面里的飞鸟显得既适合又生动；而你画的是海洋，却把这些鸟放入水里……还在疑惑为什么它们蹦跶不起来。

这是因为，对于大师的作品，你只抽取了层级关系下的一个子关系的绝对值，而你的作品并不具备原作中的父关系。这使你所抽取的那些颜色落入一个孤立的境地，从而完全发挥不出应有的效果，和谐的对比也就无从谈起。

解决之道，在于学会使用对比或相对的观念来理解和分析画面。

在分析画面的时候，你向自己和原作追索的问题不应该是"A是什么，B的值是多少"而应该是"为什么A能这样（产生某种效果），以及A比B怎么样"。

譬如，针对这幅画，在看到它的时候，我先是凭本能感受了一遍画面。在本能感受的过程中，一些问题开始浮上心头：

"我的注意力为什么最后落在了这个妹子的身上？"

"红色的裙子为什么吸引了我的目光？"

结合之前讲过的几种抽象对比形式，这幅画在我的眼里，逐渐变成了被若干对比形式所分割的抽象图形。

 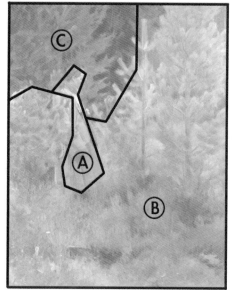

　　我把原图看作由 A、B、C 构成的一个抽象整体。（注：此分割未必是唯一的标准答案，每个人感受画面的角度是不同的，对画面构成也会有不同的理解，但务求把分割理解得更简洁明快一些。）

　　尝试把那四种抽象对比形式代入 A、B、C 中，进行一个大脑游戏：

　　你发现，A 的内部分割更有节奏。你能轻易地从 A 中发现大的和小的分割对比，也能发现具有强势色彩饱和度的"主体"——红裙子。因此，A 基本上可以看作带噪声的非线性分布状态。同时这也很符合内容方面的需求，小女孩就是主体，画家希望它得到关注，而这个分布状态恰好满足了这种需求。

　　假如 A 是具有强烈对比的部分，那么 B 和 C 就不应该像 A 那么强烈了。

　　为什么呢？因为在父层级（即 A、B、C 的分割）中，如果 B、C 也是强对比，那么三个强对比就会形成一个父层级中的平均分布状态，反而无法产生强势关注点，这不是我们想要的。

　　也就是说，如果处处抢眼，就会变得处处得不到有效的关注。

　　因此，B 和 C 应该更趋向于平均或线性分布状态，B、C 的弱对比衬托了作为画面主体的 A，使父关系完全成立。

　　当然，从全局来看，C 比 A 更暗，B 比 A 更大，B、C 比 A 更灰，所以也分别在明度、面积和饱和度上对 A 进行了衬托。

　　看到了吗？有价值的思考都是相对化的，我们需要思考的是相互关系，而非绝对值。

　　Tips：在你进行抽象对比的观察和分析的时候，务必保证以下几点：

　　· 凭本能直观感受画面，让第一感觉带你找到所谓的审美亮点；

· 进行思考，精彩之处为何精彩，显眼之处为何显眼，各是因为哪些抽象对比在起作用？

· 抽象看待画面，代入各种抽象对比状态，并找到作者这么做的理由；

· 吸取经验，尝试把带有层级关系的抽象对比形式运用到自己的创作中。

学习如何进行抽象对比的观察和分析，是为了能够更有效和专业地感受外部世界（包括环境、物件以及摄影图片和优秀的绘画设计作品）之所以美的成因，从而运用到自己的创作中去。不过，在进行私人创作之前，你有必要对"设计"这个词知道得更多一些。

三、设计与构成的基本元素

你可能做过不少设计，但是你想过设计到底是什么吗？

维基百科对设计这个名词的解释是：

所谓设计，即"设想和计划，设想的是目的，计划是过程安排"，通常指有目标和计划的创作行为和活动。

我自己对于设计的理解是：设计是一系列试图解决某个问题的计划和实际操作。

设计是为了解决问题：

室内设计是为了解决特定的居住或空间体验上的需求；

平面设计是为了解决特定的信息在视觉传达上的需求；

……

即便你只是画一幅带有故事性的插画，本质上也是在解决问题。你所画的任何局部细节，都在为故事内容提供信息支撑和审美安排。

逻辑的合理性和世界观的统一是信息支撑的必要条件，本质上这归属于文化范畴。

而审美安排，则主要依靠前文所述的"抽象的对比关系"，用专业一些的名词来说，就是——构成。

设计 = 内容 + 构成

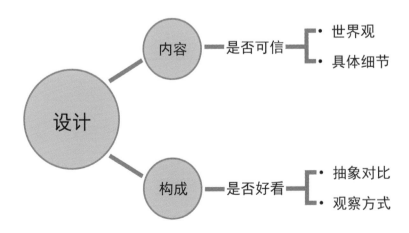

其中内容解决可信度的问题，而构成解决美和观察方式的问题，在这个章节中，我们重点要谈的是构成。

构成的基本元素是点、线、面、体，对于二维画面中的抽象对比而言，就是点、线、面。（注：关于构成中的颜色因素，在本书色彩构成章节中将会做详细解析。）

不少人应该朦朦胧胧地听说过点、线、面的概念，印象中应该是非常了不得的东西。但是，如果我具体问，什么样的东西才能算作点、线、面，我们在创作中又应该如何运用点、线、面呢？

我猜不少人就蒙了。

别急，先来了解些点、线、面的基本概念吧。

（一）点、线、面与维度

从严格的几何学定义角度看，点只是一个相对概念，不具备任何长宽尺度和体积概念，点属于数学上的零维。

线只有长度的概念，却没有宽度（粗度）概念，线是一维的。

面有长度和宽度的概念，但没有厚度的概念，面是二维的。理论上我们所看到的一切事物都是面的呈像。

顺便提一下体，体有长、宽、高的概念，体是三维的。除非加入一个时间概念，否则我们永远无法纵览体的全貌（那就是四维，扯远了）。

（二）点、线、面的形成

点、线、面可以是积极状态下的结果。所谓积极状态，就是低维元素通过自身的主动位移而形成高维元素的状态。

没有比点更低维度的元素了。因此，积极状态下，点可以看作它在"无"中的主动存在。

零维的点的主动位移，形成了一维的线。

一维的线的主动位移，形成了二维的面。

点、线、面也可以是消极状态下的结果。所谓消极状态，就是通过两个或多个高维元素的相交，或者高维元素的边界概念而被动定义出的低维元素的状态。

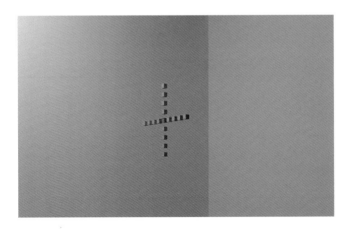

一维的线的相交，形成了零维的点（或一维的线的边界，即线的两端，定义为点）。

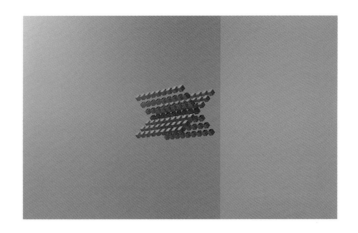

二维的面的相交，形成了一维的线（或二维的面的边界或轮廓，定义为线）。

三维的体的相交，形成了二维的面（或三维的体的空间界定，定义为面）。

一些生活中点、线、面在积极或消极状态下形成的案例。

天空中的月亮（主动存在的、积极状态下的点）。

风车旋翼（线）相交处的轴（线形成的消极状态下的点）。

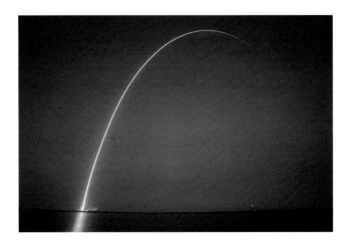

飞行中的导弹（点）所形成的轨迹（点形成的积极状态下的线）。

由朝向不同的墙（面）所相交形成的转折（面形成的消极状态下的线）。

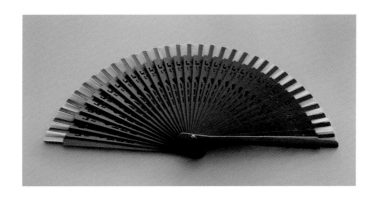

扇骨（线）逐渐展开形成的扇面（线形成的积极状态下的面）。

多个泡泡（体）相交时产生的分隔（体形成的消极状态的面）。

了解点、线、面形成的原理，有利于辨别事物在抽象对比层面的构成要素，但仅仅知道点、线、面的概念和形成是不够的。举个例子：

你应该能感受到这张图片上存在的点——一只红色的瓢虫，毫无疑问它确实是一个点。但是，当我们靠近一些对它观察，这时你发现瓢虫的身体变大之后……好像没有这么大的点吧，反而它身上的黑色斑点更适合被称为点。

那么瓢虫的身体到底算不算一个点呢？有人试图打马虎眼，说："与背景相比，相对小的就是点。"可是，相对于背景，保持何种比例关系的点才算是点呢？

我以前也在这方面钻过牛角尖。直到有一天，我忽然想明白了一个道理：

请想象，在你面前有一个工具箱，工具箱里有一大堆工具。此时，你需要拧一些螺钉和敲几个钉子，那么你会怎样选择工具呢？

事实上，你根本不需要辨别哪些是螺丝刀，哪些是锤子。你只需要知道满足拧螺钉或敲钉子的工具各应该具备哪些功能就好——能拧螺钉的，就起到了螺丝刀的作用；能敲钉子的，就起到了锤子的作用。

在图形的抽象分析中，也是同理。你根本不需要孤立地判别图形中的某个局部是点、线、面中的哪一个。你需要知道的是点、线、面各具有哪些功能，可以产生哪些作用。你在图形分析时直观感受到的那些功能或作用，就分别对应了点、线、面这些看起来十分抽象的专业名词了。

点、线、面的功能是什么呢？

（三）点、线、面的功能

点、线、面的功能分别是聚焦、引导和衬托。理解点、线、面的功能，对于我们通过分析图像，获取实际可用的设计经验是极其重要的。这是一个非常重要的知识块。

接下来，我们通过观察一些图片来认知点、线、面的功能。注意：请务必依靠"直观感受"进行观察。你的作品多数情况下是展示给普通观众看的，观众们在没有经过专业训练的情况下，都是以直观感受来认知画面的。因此，在观察过程中完全不需要加入额外的理性分析。

1．点的功能：聚焦

但凡画面中可以使你的视线产生停留的构成要素，都可以被称为"点"。看一些例子：

以你最放松自然的状态观察上图。你会感受到，自己的注意力在画面上的分配并不是平均的。在某些地方你几乎无法产生视线聚焦；而在另一些地方，你则不得不做出视线的停留，这些使你视线发生停留（聚焦）的部分，就是画面构成上的"点"。

图中这些或多或少吸引了你的注意力的部分，严格意义上讲都是点（当然，这些点的聚焦能力有强弱之分）。这些部分与画面中的其他部分有什么区别呢？

点与周边的区域存在比较明显的对比（即之前提到的抽象对比关系）；

点与周边的区域相比，相对面积不能太大。

没有对比，就无法形成关注，这和穿迷彩服进森林是一个道理；相对面积如果太大，也无法形成关注，因为人眼无法做到同一时间关注一大片区域，这是生理结构的限制。

那么，假如你要创造一个点，使之和背景有较明确的区分，并且拉开与背景的面积对比即可。

图中细碎的小蓝花并不能被看作点。我们无法长时间把注意力放在成片的小蓝花上，因为：第一，每一朵小蓝花和周边都不构成特别明显的对比（因为相似的蓝花太多了）；第二，小蓝花和它周边的区域面积对比没有拉开。实际上，我们反倒会将注意力落在树桩（或带有斑点的树皮）上。即便它看起来确实不像一个"点"，但它确实满足了点的功能和条件。

这张图里的白花就确实是典型的点了，大面积的绿色环境衬托了小面积的白花。

2. 线的功能：引导

可以使你的视线跟随进行移动的构成要素，都可以被称为"线"，看一些例子：

观察上图，有时我们的眼睛会自然而然地顺着画面中的一些特殊部分进行跟踪观察。这些部分可能是轮廓，可能是物体内部的分割，也可能是一些在抽象对比上与周遭有差异的物件的有序布置。总之，只要你的视线被画面元素引导着，进行有方向性的移动，这些画面元素就可以被看作构成中的"线"。

对比观察上图，体会视线的跟随移动。

如上图，我们的视线会随着近处的长号逐渐被引导到远方，这个长号组成的序列也是构成中的线。

另外，有些情况下，实体的线并不存在，但我们的视线还是会被引导至某处。比如，图中的弓箭（或枪、矛、手指）的指向。甚至有些情况下，我们会跟随画面中的角色的视线一起做出跟踪观察。此时也可以认为这些特别之处是线的构成。

3. 面的功能：衬托

无法使你的视线产生足够关注（相对），却能对"点"起到衬托作用的画面元素，都可以被称为面。

上图中，降落伞显然是一个点。那么，在降落伞背后，使我们能够识别到降落伞的衬托——雪山和天空，就是构成中的面。面并非不能存在任何对比，但面内部的对比应该弱于面和点的对比，正如图中雪山本身也存在亮暗、冷暖对比，但降落伞与整个背景拉开的关系显然更为强烈（这就是前文所描述的"父关系"与"子关系"的一种体现）。

回忆一下此前章节里所学到的知识，在抽象对比状态中，平均分布状态和线性分布状态很多时候被用来充当面的作用，因为这两种状态的内部对比相对不是那么强烈。

上图中橘色部分对前景物体起到了衬托作用，它是典型的面。

4. 在画面分析过程中理解构成元素的功能

在分别了解了点、线、面各自的功能特点之后，我们可以把它们联系起来，看看它们是如何协同发挥了构成的作用。

点、线、面的协同作用可以概括为很简单的一句话：

通过"线"的引导，发现了被"面"衬托着的"点"。

当然，这是一种因素齐备的情况。通常而言，线的引导不一定是必要的，你可以把它看作一种强化点的辅助手段。但是，面对点的衬托一般来说都是必要的，否则点就无法作为有用的信息而被识别出来了。

尝试以点、线、面的构成来分析上面这张照片：

通过沙丘上的峰线（线）的引导，看到了被天空（面）所衬托着的人物（点）。

再看一幅我的个人练习，同样以点、线、面做一个构成分析。

通过列车的轮廓、杀手运动的方向、枪的指向以及月台屋檐边缘（线）的引导，看到了远处被天空（面）衬托着的被刺杀对象（点）。

这样，我们就完成了一次简单的作品构成分析。

在实际的创作中，由于层级关系和抽象对比因素的丰富化，我们实际遭遇的情况可能要复杂得多。但基本的构成原理是一以贯之的，随着你绘画经验的逐步丰富，你就会具备更强大的构成控制能力。

插一句，所谓的构图，从某个角度讲，也就是上述分析方法的逆向操作而已。具体的我们将在本书构图章节进行深入学习。

四、构成关系的调节技巧

在学会如何进行抽象对比观察分析，以及知道构成元素的功能和特征之后，我们应该试着把学到手的知识应用起来。

"学骑单车最好的方法，就是直接去骑单车。"

严格一点说，是从刚开始骑车时的失衡经验里，通过调节去找到保持平衡的感觉。学习调节画面的构成关系也是同理，你可以试着使用相关技巧，去改善一些构成上存在问题的作品。假如通过调整，画面构成变得更好了，也就意味着你的构成控制能力得到了有效的提升。

（一）调节构成的对比关系

调节构成的对比关系，实质上是在对画面进行注意力的分配部署。也就是说，我们要做一个"希望观众注意到什么，忽略什么，从哪儿看到哪儿……"这样的计划，从而使画面富有节奏上的变化（即前文所述的"带噪声的非线性分布状态"）。

那么，对于抽象对比强弱关系的处理将会是重点。

举一个例子：

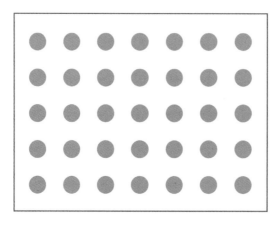

尝试把上图看作一个画面，此时画面中各个元素是以平均状态进行分布的。在平均状态中，我们无法看出任何重点，对于常规画面来说这是不能接受的。于是我们希望通过调节构成，来产生一个重点，譬如我希望强调出"第三行的第三个点"作为重点。

方法有很多：

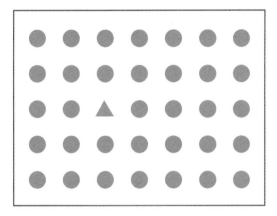

使重点的形状与其他部分不同（拉开形状的对比）。

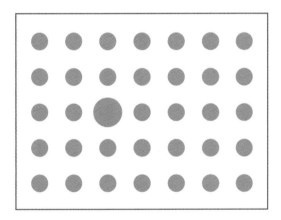

使重点的大小与其他部分不同（拉开大小的对比）。

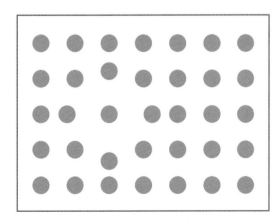

使重点与其他部分的疏密关系不一样（拉开疏密的对比）。

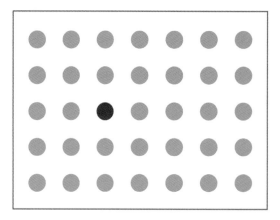

使重点与其他部分的明度关系不一样（拉开明度的对比）。

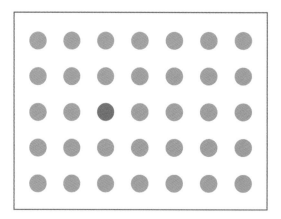

使重点与其他部分的色相或饱和度不一样（拉开色相或饱和度的对比）。

……

诸如此类，方法还有很多。

总而言之，我们通过拉开某一元素与它周边其他元素的对比，达到对这个元素进行强调的目的。反之，如果我们希望削弱观众对某一元素的关注，就减少该元素与它周边其他元素的对比。

这就是我们借以控制观众注意力分配的最重要的手段 —— 强化或削弱对比。

结合点、线、面的相关知识，强化对比，就是让元素成为被衬托的点；削弱对比，就是让元素成为衬托点的面，这应该并不难以理解。但是，假如画面中同时具备多组点和面的衬托关系（像下图中这样），我们应该遵循怎样的部署原则呢？

　　一般而言，一个画面中不应该同时存在两个或两个以上强调程度完全相同的点。否则被抽象对比强调出的画面内容经常会让人感到迷惑，就像一首歌里最强的高潮往往只能有一个。

　　当画面中存在多组点和面的衬托关系的时候，我们应该设法使希望强调的内容得到主要衬托（多数情况下主要衬托会是比较强烈的衬托，但也存在例外），次要的对比使用相对温和的衬托，例如：

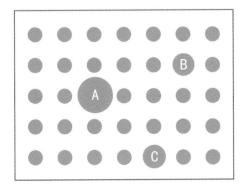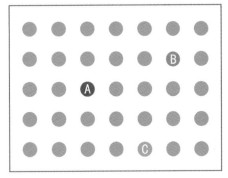

　　以上两幅图中，A 点得到的强调明显超过了 B、C 两点，此时即便 B、C 也存在点和面的衬托关系，但并不影响 A 成为画面中的重点和高潮部分。

　　Tips：在协调处理多组对比关系的时候，应设法拉开主要关系与次要关系的差别，即尽可能以"曲线分布"而不是"线性分布"的方式去突出主要关系，使主要关系占据明显的强势地位。否则即便主次有些许差别，仍然可能给人一种取舍不当的印象。

（二）巧妙地使内容恰好符合构成需求

　　虽说构成和抽象对比是美感和关注产生的根源，但观众欣赏你的作品时，最终仍然会把注意力落在具体内容上面（毕竟他们不是专业人士）。因此，内容和构成的匹配是创作时的重点也是难点。

　　如果由于侧重了构成的协调，而使内容变得不合理，仍不算一个成功的画面调整，看下图：

  这是一张主体为松鼠的照片。从信息传达的角度看，画面中的构成显然做得不是太成功。由于松鼠身上的颜色恰好和树皮非常接近，使这个"点"（即松鼠）并没有得到面的衬托，你离图片稍远一些的话，甚至无法在第一时间看到这只松鼠。

  根据强化或削弱对比的调整方法，我试着做了下面这样的处理：

  我改变了松鼠的色相，让它的色相与树皮拉开对比——这倒是确实符合了构成中的强调原则，松鼠作为被面衬托的"点"完全成立了。但是……松鼠本身变得无法成立了，内容出了问题，排除这是一只基因变异的松鼠的可能性的话，内容和构成的匹配失败了。

  那么，我再进行一次尝试：

　　这次我试着把松鼠后方的树的明度给变暗。目的很明显，我希望拉开它俩的明度对比，从而用暗的面衬托亮的点，但我们不能活生生把树给画黑，那太牵强了。好在我通过观察近处的树，发现可以使用投影这个"工具"，使远处的树干隐藏在阴影中，这样我就能得到想要的"暗的面"了。

　　通过巧妙的方式，使内容恰好符合构成需求，这就是设计工作的核心任务，也是设计之所以有趣的原因之一。

(三) 好设计是调整出来的

　　有一句话几乎就是真理，你应该抄在随身携带的小本子里，或者干脆设置为桌面壁纸：

　　"好设计是调整出来的。"

　　这里的调整意思是调节或推敲，推敲什么呢？从审美层面当然是推敲层级和抽象对比关系。

　　看下图，这是我自己的一幅画，大致表现的是一个小偷行窃得逞后迅速穿过小巷的画面。

在设想的故事里，小偷应该是主体，也就是重点部分。但目前的画面存在的问题是，我们很难将注意力集中到奔跑的小偷身上 —— 主体得不到突出，稍微离画面远一些，甚至都无法看到小偷了，而且画面的左半部分显得缺乏对比，非常沉闷。

为什么会这样呢？

从抽象对比角度进行分析，你会发现小偷的明度是偏暗的，而他周围的环境也偏暗。这导致了他得不到足够的衬托。换句话说，这使整个暗部成为平均分布的状态（成为一个面），而平均分布的状态是无法产生聚焦的。

解读出实质问题之后，就要大胆地对画面做出对比上的调整，否则画面不可能变好。

我见过很多人总是以"走过场"的态度去完成一个设计练习。他们喜欢浅尝辄止，画得顺利就继续，画得不顺利就放着不管了。并没有做那种通过反复调节和推敲，使画面趋向完善的努力，这往往就是他们反复画了很多图，但一直得不到有效提高的原因。

回到画面上，我们应该想办法进行一些调整，使主体得到有效衬托。通过调整，我让阳光照亮了小偷后方建筑的那面墙，当这面墙的明度提高之后，小偷的整体轮廓得到了衬托，画面的视觉中心出现了。

至此，我们通过思考和推敲抽象对比关系，使画面效果得到了提升。

作为初学者，多数情况下是不可能一次就画出特别到位的抽象对比关系的。但是，只要勇于通过思考进行关系调节，总会让画面发生某种变化。假如你进行了错误的调节，你将得到一个经验或教训；假如你进行了正确的调节，你将得到一张更好的作品。这么想来，只要你去调整构成，基本上横竖都是赚。对于你的要求，也无非就是关乎勇气和耐心而已。

再强调一遍：好设计是调整出来的。

五、审美与构成经验总结

即便对抽象对比的审美方式有了正确的理解，创造仍然不会是一蹴而就的事。学会标准的投篮姿势，和在赛场上面对具体的对手并赢得比赛之间，还隔着很多的练习。在进入进阶篇的学习之前，我来做一个审美与构成经验的总结。这些经验只是我个人的心得体会，假如你持有开放的学习态度的话，也不必过分拘泥于此。

（一）初步感受追随本能

对于画面或外在事物的初步感受，是不需要动用所谓的专业眼光的。假如你无法依从本能地从一幅画中看出一些动向和规律，那就意味着这些动向和规律本身就是无效的 —— 有些学艺不精的分析者，总是试图让你接受一些你完全看不出来的、高深的构图意味，如果你真的这么钻到牛角尖中去，很大概率是会走弯路的。

按我的个人经验，如果一个画面规律，需要通过极度复杂的标注线或语言文字解释，才能使人隐隐约约觉得 ——"哦，听你说了这么多，好像还真有点这个意思"，那么，这个画面规律要么不存在，要么解读的方法或角度根本不止这一种，要么你即便理解了，在创作中也完全用不上。

听从本能去感受画面吧，即便是专业人士，我们也还是免不了需要一些"普通观众般的体验视角"。

（二）注重层级和主次关系

1. 假如是在分析

凭借本能观察画面，从抽象对比的层面感受原作的审美趣味。要点在于忽视所有无关痛痒的细节，去掉细枝末节才能发现主干。在这个过程中，眯眼观察是消除杂乱细节干扰的好办法。

先厘清父层级中的主次对比关系，然后才进入子层级，去观察子层级里的主次对比关系。基本规律是：从大面积到小面积（占画面面积的比例），从影响大的到影响小的（对画面整体效果的影响程度）。

2. 假如是在创作

在绘制细节之前，就应该把画面的主次衬托关系计划好并确定下来。

处处平均地表现所有细节和对比，最后由于画面效果不佳而被迫去做取舍 —— 这样的做法是不可取的。一定要优先考虑取舍，在取舍这件事情上，创作者始终要占据主动才行。

（三）把任何物体都看作抽象元素

经验不足的同学在进行抽象对比观察的时候，有时仍然会不自觉地带入具象的观察习惯。比如，把画面中的人物看成"有别于画面其他部分的特殊的东西"。这种习惯需要纠正过来。当我们从抽象层面进行观察的时候，画面中所有的东西都只是没有具体意义的形状和颜色。无视其在内容上的具体意义，你才能看到真正的抽象对比。

看一张图片：

这是一幅肖像摄影，如果你从内容角度去看画面，你可能会得出下面这样的观察感受：

只要你把照片中的女人当成"女人"，你就会脑补出常识中女人的模样，包括肤色或轮廓的特征。最终得到的其实是你大脑中对女人的固有印象，而非抽象对比。这是不正确的。

正确的方式是，别管它是人还是任何特殊的东西，只当作图形和颜色就好，这样你就能观察到真正的对比且不容易被常识所干扰。

角色暗部的轮廓融入了背后的黑暗空间中而不可见，那么就直接把暗部和空间看成一整个衬托亮部的暗面即可。

只有基于无实际意义的图形或色块的对比认知，我们才能真正察觉到作者在抽象对比层面做的计划和安排，也才能从中学到知识和吸取经验。

（四）学习抽象构成和内容互相匹配的经验

构成的审美来源于对比，有节奏感的对比就必须有强弱的区别。对于写实画面而言，这些强弱不一的对比最终需要落实为合适的具体内容，才能兼顾可信度与审美趣味。

创造强弱对比的方法有无数种，例如：

在这幅油画里，萨金特创造主要对比的方式是使主体与背景在明度上产生差异。达成的方式是让主体的固有色更明亮，且暴露于阳光之下，让背景固有色阴暗且处于暗部当中。

而他的这张作品（上左图）创造主要对比的方式，则利用了水面高光所反射的天空，创造了一个亮的面，以之衬托船体的暗色轮廓。

这张照片（上右图）中，主体作为一个暗的点被亮的面衬托着。亮的面是由阳光穿过树木而形成的丁达尔效应（也就是体积光）所形成的，这也是比较常见的弱化背景对比的方法之一。

在内容与构成的匹配方面，类似这样的处理手法积累得越多，你在创作时可以利用的工具也就越多，相对而言创作的自由度就会变得越大。

第 5 章
光影推理

    光与影能够给图像带来单纯线稿无法提供的真实氛围，也能更强烈地表现物体的空间感和体积感。因此，许多初学者总会热衷于对光影的表现。

    然而，推理出较真实的光影并不是一件容易的事。与线条表现相比，你需要同时考虑的因素更多（如光源、环境以及物体表面的结构变化等）。因此，如果我们不遵循一些基本规律，只凭感觉随意去画的话，很可能无法再现一个真实可信的光影效果。

    在本章节中，我们将排除色彩的色相和纯度因素，把研究目标集中在明度问题上面。你也可以把这个章节的主要内容视为传统美术中的"素描"训练。

    很多人不明白，为何要把明度问题单独列为一个研究课题呢？直接研究色彩不是更省事吗？

    并不是这样的，之所以无论是传统还是现代美术教育都如此强调素描，是基于两个原因：

    一个原因是，在色彩三要素即色相、明度、纯度中，明度是表现信息的最主要的因素。

这是一张彩色照片，假如我们去除明度差异（让画面中所有部分的明度都一样），保留色相和纯度，它看起来就会像是下面这样。

看上图，我们虽然仍能感受到一些色相和饱和度的差异，但几乎已经无法识别图片的具体内容了。

反过来，如果只是保留了明度差异，去除色相和饱和度差异呢？

在仅保留明度差异的情况下，图片即便失去了一些色彩独有的感染力，以及若干与色彩相关的抽象对比关系，大部分信息却仍然得到了很好的传达。尤其在空间感、体积感方面，仅依靠明度也已然足以对它们进行充分的表现。

因此，对明度关系的格外照顾也就不难理解了，它在传达信息方面起到的作用真的很大。

单独对明度问题进行研究的另一个原因是：在色彩知识中涉及的各种条件和因素更为复杂，对于大部分初学者来说，学习和操作的难度比较高。

从由易到难、循序渐进的方法论上看，先搞定明度，再在色彩的阶段增加考虑其他因素，会让学习进程变得更加可控。

光影推理阶段的学习目标是：

通过设定光影效果的基础条件，依据光学原理和渲染规律，达到可以对物体和空间进行默写练习的程度。使结构在光照和环境影响下，表现出到位的体积感与空间感。

一、光影名词与推理思路

（一）光影名词的认知

在正式进入光影推理的学习之前，我们先来了解一些光影名词。在后续内容中，这些名词将会高频度地出现。

另外，由于我在本小节中并未详细解释这些光影名词的形成原理，你有可能会对一些词的概念存在疑问，譬如，传统美术非常强调明暗交界线，但在现实生活中，有时你会发现自己根本找不到所谓的明暗交界线……不要紧，这些问题随后都将得到释疑。此时你仅需了解这些名词的大致含义即可。

这是一个典型的用于解释光影名词的球体光影模型。

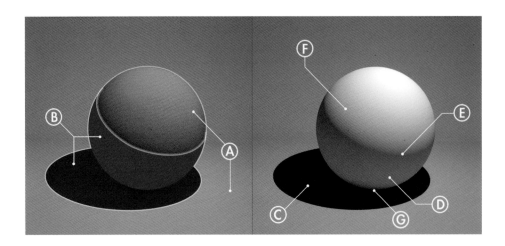

光影的名词解析：

对应上图，图中只有一个主光源：

A.　球体和地面被主光源直接照射到的部分，统称为"亮部"。

B.　球体和地面未被光源直接照射到的部分，统称为"暗部"。暗部包含了球体上未受主光源照射到的部分和地面的球体投影部分。

C.　在暗部中，因球体遮挡光线而在其他表面上形成的阴影，被称为"投影"。

D.　在暗部中，受光线照射在其他表面所形成的反射光影响而变亮的区域，被称为"反光"。

E.　亮部和暗部的分界，被称为"明暗交界线"。

F.　亮部也可以被称为"灰部"，一般来说，当亮部被称为灰部的时候，强调的是亮部的明度变化。

G.　在暗部中，由于空间狭窄而导致光线难以到达和照亮的区域，被称为"死角"或"闭塞"。

Tips：为什么表面属性相同的物体（暂时不考虑质感因素），反光处一定比亮部或灰部更暗？

要弄明白这个问题，你得先了解人的眼睛究竟是如何看到东西的。

简单讲，物体表面接受了光源照射之后，反射出部分光线，这些反射光通过眼球里的晶状体折射成像于视网膜上，再由视觉神经感知传送给大脑，这样我们就看到了物体。但是，几乎任何物体的表面都不可能完全吸收或完全反射光线，总是吸收一部分，反射一部分。因此，在光影效果中，由其他表面的反射光影响而形成的反光区域，不管有多么亮，其明度总会弱于受到光源直射的亮部或灰部（限于表面属性相同的物体）。

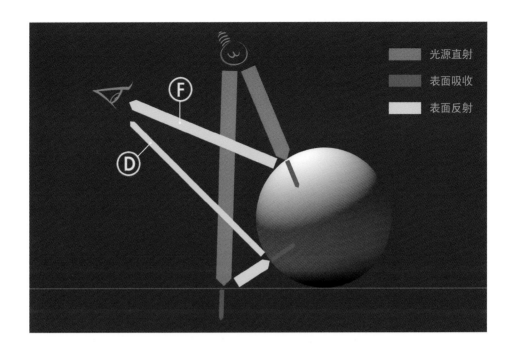

上图说明了反光（D）一定暗于灰部（F）的基本原理，与灰部相比，反光经过了不止一次的表面光线吸收。

（二）光影推理的基本思路

我们学习观察和对比的方法、学习结构和透视的原理、学习抽象审美和构成，都是为了实现无障碍的自由表达。

光影推理也不例外，作为利用光和影塑造结构的造型方式，它并不像很多人所认为的那样不可捉摸和无法把控。相反，我们可以学习一些基本的光学原理和渲染规律来提升使用光影表达结构的能力，当然，这个过程不是一蹴而就的，更多的练习、更多的验证、反思和改进可以使你的光影推理逐渐趋向自然和准确。

光影推理的基本思路非常简单：

你要把所看到的任何视觉现象都理解为一个"光影模型"。

下面这些图片是使用三维软件建模、贴图、设置灯光，然后通过渲染插件，基于一些基本的光学原理，一些数学和物理上的公式对自然规律进行的模仿而计算出来的。

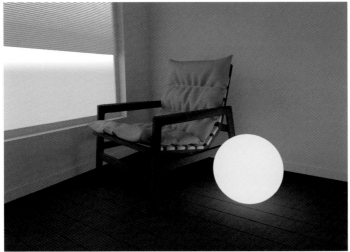

同样的一个场景，四张图片呈现出了四种迥然不同的气氛（从抽象对比的角度看，甚至连构成都改变了）的原因，显然是因为我改变了这个"光影模型"中的某些条件。

假如不弄清改变某个条件将会导致什么样的结果的话，我们是不可能在创作中做出正确的光影推理的。

照片或实景中的光影效果与之前的光影模型一样，也由同样的一些条件共同作用而形成。因此，你需要透彻地了解视觉现象中一切光影变化的成因。换句话说，你必须要能够解释你所看到的画面。然后总结归纳出相关的光影规律，利用这些规律进行光影推理实践，逐步积累自己对于光影渲染的经验。

那么，第一件要做的事，就是对光影模型中的基础条件进行分析和学习。

二、光影渲染的基础条件和基本规律

在一切的光影模型中，无论何种光影效果，都基于两个光影条件：

· 光源；

· 表面（或者物体的表面结构）。

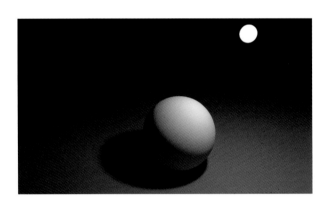

上图中，你可以把上方的白色光点理解为一个灯泡，它是一个光源。光源是提供光照的发光体，假如没有光源，物体将处在黑暗中，我们看不到物体，也就谈不上对物体进行光影表现了。图中的球体和球体所放置的地面，都可以被称为表面或物体的表面结构，它们是光影效果的主要表现对象。

我们看到的任何光影效果都源于光源和表面的配合作用，举例：

上图中的光源是阴沉的天空，表面是行人、街道和建筑，还有那个巨大的乐器。

上图中的光源是太阳（当然还有天空），表面是人物、岩石和水面。

上图中的光源是各种各样的灯光，表面是街道、汽车和建筑。

不同的光源，不同的表面，形成了不同的光影效果和明度变化，导致了三幅图片在气氛上的巨大差异。

接下来，我们逐一对光源和表面各自的变量差异来个深入的了解。

（一）光源

光源的主要变量有两个，分别是强弱和大小（此处我们先不讨论光源的色相问题）。

1. 光源的强弱
强度更大的光源可以提供更明亮的光照。

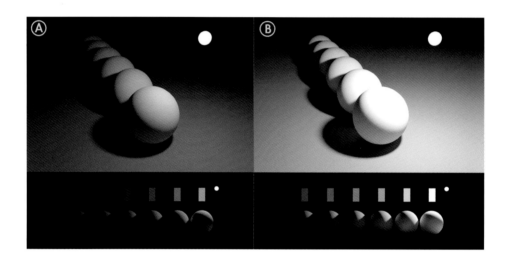

对比 A、B 两图，在同样的表面（环境和物体）条件下，B 图使用了更强的光源。观察可知：随着光线向远处传播，光照强度逐渐衰减，更强的光源的可见衰减范围也会更大。A 图中，最远处的球体几乎已经不可见了，而在光源更强的 B 图中，远处的球体仍可清晰辨识；另外，观察球体的暗部，在光照更强的 B 图里，球体的暗部也得到了比 A 图更强的反光。

尝试从光源强弱的角度观察下面的图片，感受光照强度和衰减所产生的影响：

微弱的路灯在环境中衰减得非常迅速。

强度较大的灯光使空间变得明亮，但光照依然随距离变远而产生衰减（观察墙面纵向的明度变化）。

2. 光源的大小

相对而言，光源的大小是比强弱更为重要的一条指标，光源强弱只是决定了照度（物体或环境的整体明亮度），但光源大小的差异是可以让光照特征产生非常大的差别的。

观察以下两组图片因光源大小而产生的效果差异：

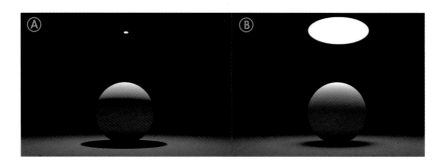

对比 A、B 两图，在同样的表面（环境和物体）条件下，B 图使用面积更大的光源。观察可知：

在 A 图的小光源下，物体产生了更清晰锐利的明暗交界线和投影边界；

在 B 图的大光源下，物体的明暗交界线和投影边界具有更柔和的过渡。

造成这种效果差异的原因请看下面的分析简图：

明暗交界线方面：

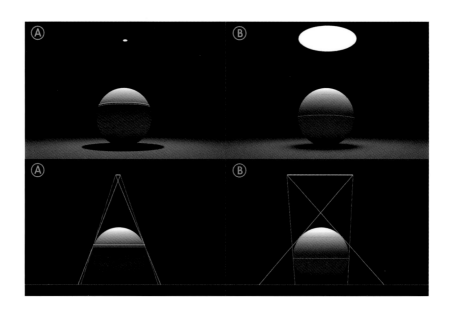

在立面图中根据 A、B 图光源大小分别与球体连线。我们可以发现，在上图所示的球体中，球体绿线之上的部分，可以受到整个光源直射（属于完全的亮部）；球体红线之下的部分，完全受不到光源直射（属于完全的暗部）；而绿线和红线之间的部分，则由于光源面积大小的不同，而使亮暗的过渡区域有很大差异，在小光源中，过渡的区域很窄，呈现出锐利清晰分界的观感，在大光源中，过渡的区域很宽，呈现出柔和过渡的感觉。

投影边界方面：

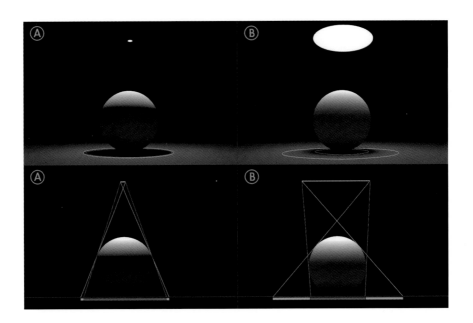

在立面图中根据 A、B 图光源大小分别与球体连线。我们可以发现，在上图所示的地面上，地面绿线之外的部分，光线完全没有受到球体遮挡，光线直射到了地面（属于完全的亮部）；地面红线之内的部分，是光线完全被球体遮挡造成的投影（属于完全的暗部）；而绿线与红线之间的部分，则由于光源面积大小的不同，而使投影的过渡区域有很大差异，在小光源中，投影过渡的区域很窄，呈现出锐利清晰分界的观感，在大光源中，投影过渡的区域很宽，呈现出柔和过渡的感觉。

在常规创作和自然环境中，晴朗天气下的阳光和阴天下的天空光，分别是小光源和大光源的典型代表。

晴朗天气下的阳光：

很多人不能理解为什么太阳这么大，光照效果却像是一个小光源照射的感觉。

实际上，太阳虽大，但由于距离地球太远，导致阳光的光线与光线的角度相差实在太小，几乎接近于平行（在三维渲染中，有时我们也可以直接把阳光理解为"平行光"），和天空光相比，反倒是更接近于小光源的光照效果。请看下面的立面示意简图：

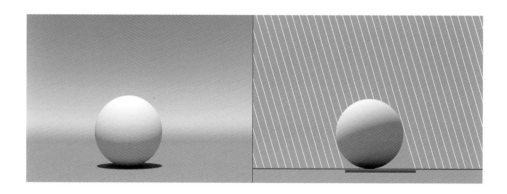

试把上图中的黄色平行线理解为阳光，在这种情况下，方向性明确的阳光照射着物体，明暗交界线和投影边界就变得极度明确。因此，在表现阳光氛围的光影效果的时候，确保光照下的物体具备非常明确的亮暗部区分就是重中之重。

看一些阳光氛围的照片，在脑子里想一想这些照片中阳光的方向，观察明暗交界线和投影边界是否具备清晰分界的特征，想一想它们分别是如何形成的？

阴天下的天空光:

阴天状态中，阳光被较厚的云层所遮挡，因此无法体现出阳光具有明确方向性的光照特征。实际上，你可以很形象地把阴天的天空光理解为一口盖在地面上的、内部发光的大锅——在三维渲染中，我们会把天空光理解为"半球光"，即设想整个天空都在向内发光。

请看下面的立面示意简图：

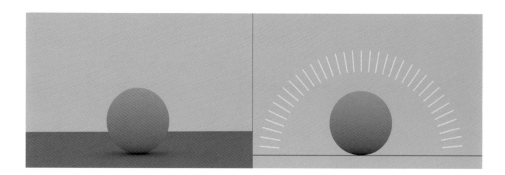

试把上图中的蓝色线条理解为半球状向内发光的天空光，在这种情况下，球体的大部分区域都受到了直接光照（像是一种极致的大光源），因此，在表现阴天氛围的光影效果的时候，确保光照下的物体呈现出一种向上的表面略亮，侧向或向下的表面略暗，光向不明确，亮暗区分不明显，整体观感较平（缺乏立体感）的光照特征，并且，投影应该是非常柔和甚至几乎不可见的。

看一些阴天氛围的照片，观察被天空光所照射的物体是否还存在明确的亮暗部区分，再看一看它们目前的投影都是什么样的。

（二）表面

表面对光影效果产生影响的主要变量有三个，分别是固有明度的区别、表面与光源的距离差异以及表面与光源的角度差异（此处我们先不讨论表面的质感问题）。

1. 固有明度的区别

"固有明度"是从固有色这个词中衍生出来的。

严格来讲，我们所见到的任何色彩，都是物体表面接受光照后所反射的某种波长的光。物体表面只存在物理属性，而不存在真正的固有色。但是，为了简化认知，你可以把固有色理解为 ——温和白光照射下的表面所呈现出的颜色。

固有明度则指固有色去除色相和饱和度之后，在温和白光照射下的表面的明度状态。

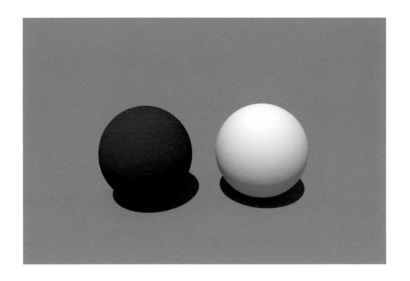

　　上图中，在同一阳光照射环境下的两个球体，呈现出了不同的明度，原因就是这两个球体的固有明度不相同，右边球体的固有明度比左边的要浅。

　　女人的头发、皮肤、背心和裙子各具有不同的固有明度。

白雪和裸露的深色山石也具有不同的固有明度。

固有明度中，藏着什么样的光影秘密呢？

做一个实验：

看下图，假设白色是100，黑色是0，我们分别选取 A=100、B=75、C=50、D=25四个明度不同的灰度值，作为右边这个方块四个部分表面的固有明度。

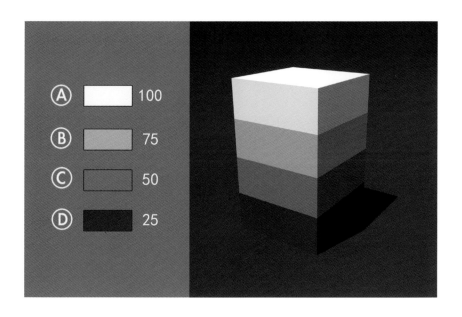

经过光影渲染，我们看看方块的亮暗部数值变化：

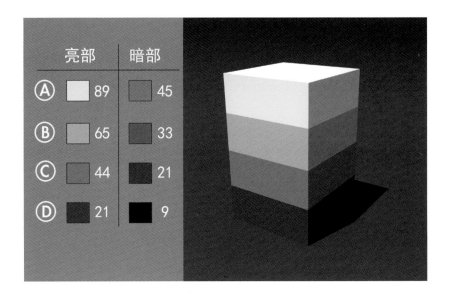

分别吸取方块亮部和暗部的明度值，我们发现亮部和暗部都变暗了。亮部变暗是由于表面吸收了一部分光线，因此反射的光线略弱于我们设定的固有明度值；暗部变暗是由于暗部受光更弱且被表面吸收了一部分光线的结果。

通过观察，你可以发现这样一条规律：

·固有明度更暗的表面，亮暗部明度差距比较小；固有明度更亮的表面，亮暗部明度差距比较大。

Tips：不要指望通过计算得出亮暗部的精确明度数值，过于在精确性上钻牛角尖是没有意义的，人脑并不擅长定量计算。

在物体处在同一光照条件下，且具有不同的固有明度值的时候，这一条规律可以给你的光影推理提供一些依据，来看看现实中是否具有这样的明度变化规律。

对女孩的衣服和狗的皮毛进行观察（注意，狗身上有部分浅色区域属于质感方面高光的表现，因此不应取高光处的灰度调子）；

对角色的衣服和帽子进行观察。

通过对以上两组照片的观察和分析，我们验证了这一条固有色对光影明度变化产生影响的规律。

2. 表面与光源的距离差异

（1）若干朝向相同的平面与光源的距离差异

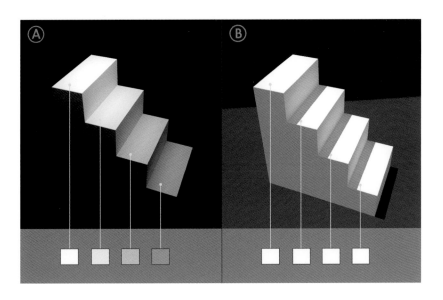

观察 A、B 两图，我在光影模型中放置了一个阶梯状的物体，并在物体上方设置了光源，分别对 A、B 两图中阶梯形物体向上的面进行取色。

经过取色观察，我们能发现 A、B 两图的光照结果存在一些差异：

A 图中，四个距离光源远近不同的平面，经过光照之后，呈现出了明度的差别，距离光源越远的平面显得越暗；

B 图中，四个平面明度几乎没有发生变化。

这是怎么回事呢？是我给 B 图设置了比 A 图更强的光源吗？并不是，你看，A、B 两图中离光源最近的那个平面的明度是一样的。

揭开谜底，我给 A 图设置的是普通的灯光，给 B 图设置的是阳光。

在之前 "光源的大小" 章节中，我们知道，阳光和普通灯光的差别就在于，阳光可以看作平行光，光线与光线之间的角度可以忽略不计。那么，普通灯光是什么样的呢？

对比 A、B 两图（注意，以下图解仅为辅助理解的简化示意图）：

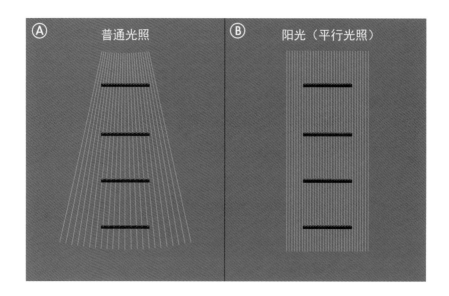

图中黄色线条是对光源所发射光线的模拟，可以看到 A 图中光线以发散的方式进行传播，B 图中光线以平行的方式进行传播。

设置与光源距离不等的四个平面，A、B 两图中，光线都与各平面产生了接触。

此时我们发现，B 图由于光线平行，距离不等的各个平面上，光线与平面的接触点的数量没有减少，这就是阳光环境中，与光源距离不同的朝向相同的表面明度不太发生变化的主要原因。

再看 A 图，光线在发散中传播，可以看到当光线照射到较远的平面上的时候，光线与平面的接触点的数量较近处的平面明显减少了，这就是在普通光照下，与光源距离不同的平面明度产生变化的主要原因，我们也可以认为在单位面积上，光照随距离的增加而发生了衰减。

上图不同楼层的天花板虽然并没有受到高处天窗光的直射，但仍然呈现出明度上的变化，是因为这些天花板受到了各层地面反射光的影响（反光），因此也可以反推出每一层的地面明度已随着距离光源变远而变暗。

观察下面的图，感受普通光照和平行光照在距离与明度方面的表现差别：

形状和朝向相同的雕像，在阳光照射下，相互之间并没有因为距离差异而显示出太明显的明度变化；

在普通灯光照射下，垒起来的酒桶由于和光源距离不同而呈现出明度的变化。

（2）同一平面上不同的部位与光源的距离差异

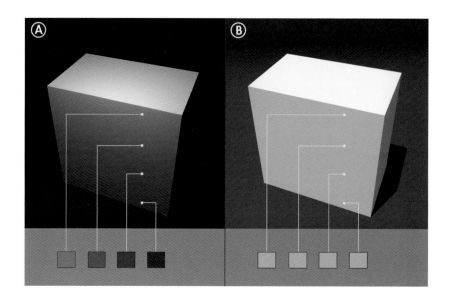

观察 A、B 两图，A 图为普通灯光照射，B 图为阳光（平行光）照射。我们分别从方块立面与光源距离不等的几个部位进行取色。

发现 A、B 图与上小节中的案例一样，有着不同的明度变化现象，事实上，这两个案例的原理确实也是相同的。

对比下面的 A、B 两图（注意，以下图解仅为辅助理解的简化示意图）：

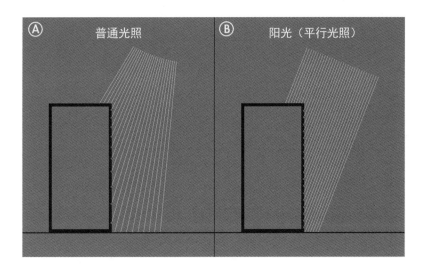

图中黄色线条是对光源所发射光线的模拟，可以看到 A 图中光线以发散的方式进行传播，B 图中光线以平行的方式进行传播。

B 图由于光线平行，表面上与光源距离不同的区域里，光线与平面的接触点分布是均匀的，这意味着阳光照射在一个平面上，平面上各个区域的明度基本不发生变化。

A 图中的光线呈发散状传播，表面上距离光源较近的区域，光线与平面的接触点分布较为密集，随着各区域远离光源，接触点分布逐渐稀疏。这样，我们就能够理解受到普通光源照射的平面的明度衰减现象了。

阳光（平行光）直射的平面，明度基本不发生衰减（图中轻微的明度变化是固有色因素导致的）。

这个建筑空间上方的天空光，是具有发散特征的普通光照，受此光照影响，墙体表面产生了从上到下的明度衰减。

3. 表面与光线的角度差异

物体表面与光线的角度关系，可谓是素描中表现体积感和空间感最重要的因素了。

由于在平行光照射下的物体，可以忽略单个平面内的明度变化（即一个平面可以算作一个明度值），我们可以把更多精力放在不同角度的平面和光的关系上，相较于普通光照更适合明暗素描的入门学习。因此，以下部分暂以阳光作为光影模型中的光源。

（1）表面朝向与平面概括

任何具有立体感的物体，必然都由若干表面围合而成。

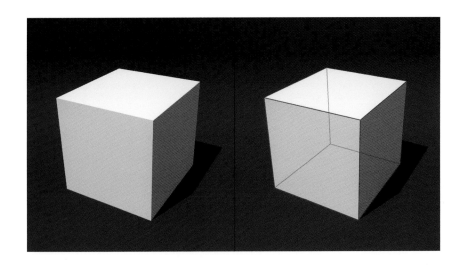

　　如上图，六个平面围合成了一个立方体。我们分别在这些平面上放置一些红色的箭头，使箭头垂直于平面。

　　这些垂直于平面的箭头就叫作面的法线，法线指示出了平面的朝向。每个平面只有一个朝向，分析出物体的表面朝向，是研究表面与光源的角度关系的前提条件。

　　Tips：对于一些比较复杂的物体，我们可以通过绘制立面或平面草图，来达成对各表面的朝向关系的理解。

尝试使用观察法线的方式，感受下列照片中物体表面的朝向。

　　看过上面这些具有明确表面朝向的图片之后，你可能就会产生一个疑问：大部分的物体并不是方方正正的，我们应该如何判断那些具有曲面特征的表面的法线和朝向呢？

　　还记得我们在结构概括的章节中看到过的这张图片吗？

　　右边复杂的亚历山大面像，通过确定关键转折，被概括成了左边的分面相。相比右图，分面相具有明确的转折关系，又因为分面相完全由平面组成，所以分析面的朝向变得更为易行。

观察下面 A 图中圆柱体的柱面:

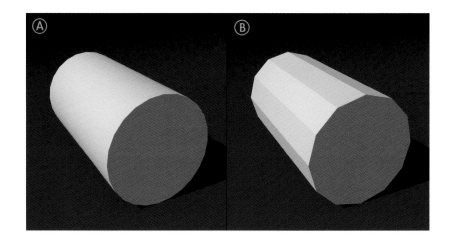

A 图中，圆柱体的柱面过渡非常细腻平滑，难以判断法线朝向。然而，当我们将其以平面的方式概括为 B 图的形态之后，表面的朝向变得明确了很多。而且，假如你眯眼观察，就会发现 A、B 两图中柱体的光影并没有什么区别 —— 这意味着两者在光影大效果的底层级上是一致的，仅仅存在细节（过渡）上的差别。

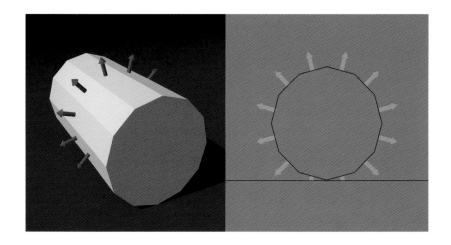

用平面组成的方式概括曲面的表面朝向，与在结构中通过概括找到造型结构点是一个道理，即以损失一些细节上的准确度为代价，降低分析难度，提高把握大关系的效率。

那么，在结构篇中描述的"球、柱、方、锥"和"典型表面"，也一样可以被概括为平面的组成状态，它们可以被看作复杂万物的初始组成元素。

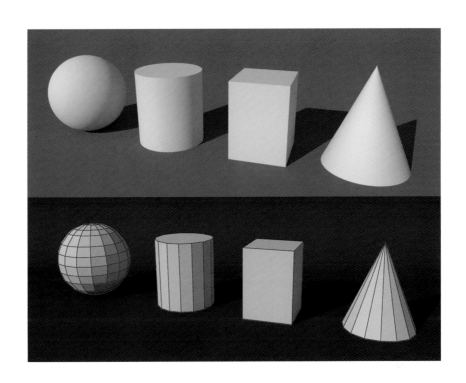

对球、柱、方、锥进行平面概括。

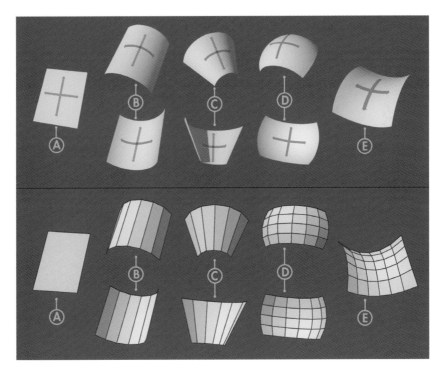

对各种典型表面进行平面概括。

既然球、柱、方、锥和各种典型表面都可以被平面概括，那么复杂的物体也一样可以。
我们借助已经出现过一次的猪头作为平面概括对象：

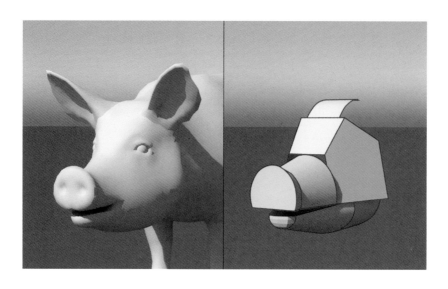

首先，把猪头看作基本几何体或几种典型表面的组合。

其次，对基本几何体和典型表面做一个平面概括。

这样，看似复杂的猪头经过概括，也就变得更容易看出面的法线朝向了。

对复杂物体做表面结构概括的时候，务必优先概括明显和有规律的转折，忽略微妙的转折。这么做的理由在于：

从光影推理难度的方面看，只有这么做，才能使概括之后的表（平）面数量得到控制。表面数量越少，对于按角度判断光影的难度也就越低。

从明暗调子的方面看，忽略掉微妙的转折，就等于排除了微妙的明暗调子，优先区分的是对比强烈的调子。先把握住强烈的对比关系，就能在第一时间获得对象最基本的光影氛围。

Tips：我们在很多人体结构类的教材里，经常看到下面这样由 A 到 B 再到 C 的结构分析图解。

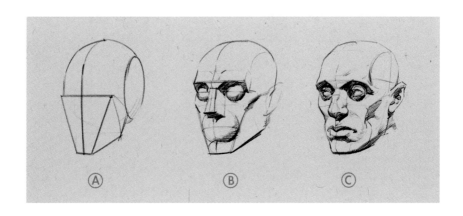

这种分析手法也就是简化概括。在最初的阶段（A），忽略所有的五官结构和微妙转折，仅仅关注颅腔和下面部、下颌的两个结构关系。只需要使用一个削去了左右两端的球体和一个楔形就可以表示出头部表面的总体朝向关系，比如头部正面、侧面和顶面的区分。这也是头部构造的底层级。进入第二个阶段的时候（B），开始关注到眉弓处方正有棱角的结构，关注到眼球和口轮匝肌的类似球体的形态。对这些局部的几何化概括，可以让我们透彻地了解眼部、嘴部等各个局部的概括表面的朝向。最后到了第三个阶段（C），这时局部开始变得具体，结构关系变得微妙起来，最终复杂的曲面再现了现实中的头部结构。

这个概括的过程是渐进式的，从大到小，从整体到局部。并且后一个阶段总是建立在你对前一个阶段的正确理解和表现上。越是起步的阶段，结构关系就应该越明确。假如你对 A、B 阶段的概括关系理解得不到位，只是沉迷于微妙细节的刻画的话，面对无数朝向不同的琐碎表面，想要推理出正确的光影几乎是不可能的。

（2）表面与光线的角度关系

观察下图中的棱柱，通过分析法线可以得知每一个面的朝向关系。

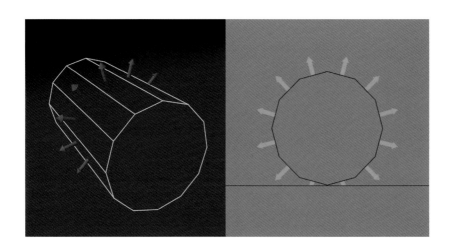

给这个棱柱设定一个光源，此处设定的光源为平行光，即阳光（注意，以下图解仅为辅助理解的简化示意图）。

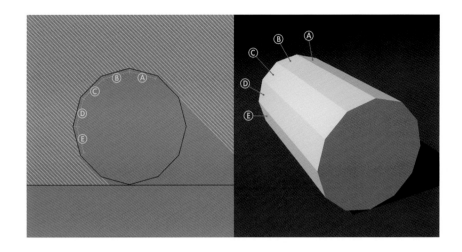

上图中，光线（阳光）来向被示意为黄色的平行线。从立面图上可以看到，棱柱的柱面上，共计有五个平面处于光源直射状态下，这五个平面也就是棱柱的亮部。我们分别把这些平面标记为 A、B、C、D、E，以它们为对象，展开对光源与表面角度关系的分析。

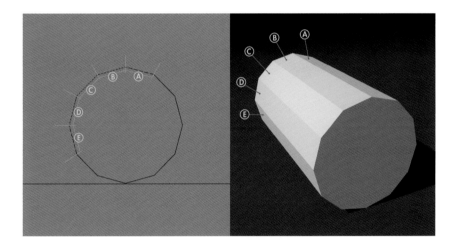

观察光线与表面的接触点数量，可以发现 C 面的接触点最多，B、D 面次之，A、E 面接触点的数量最少。对应右图，这与实际渲染结果是一致的 ——C 面最亮，B、D 面次之，A、E 面最暗。

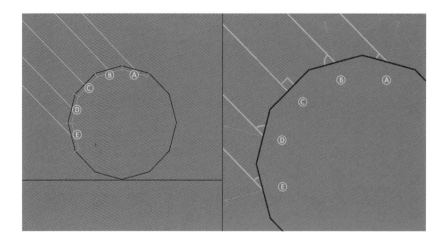

观察光线与这几个面的角度关系。通过右侧放大图上的角度标注，可以总结出光线的角度与表面的明度之间的关系：

物体表面在受到光源照射的时候，光线与表面越垂直，表面明度越高；光线与表面角度越小越趋向平行，表面明度越低。

上面这个规律也可以理解为：光线与面的法线的对应方向越接近，表面明度越高；光线与法线对应方向越偏离，表面明度越低。

Tips：依据上面的这个规律，我们也就可以解释"明暗交界线、亮部和灰部、投影和暗部"的形成原因了。

上图中，球体的明暗交界线，其实就是由无数的朝向完全与光线平行的面形成的；

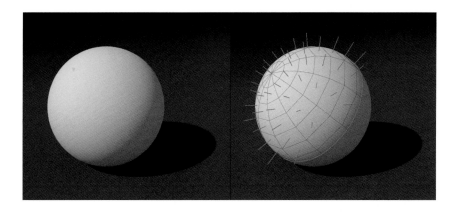

　　亮部和灰部受到了光线的直射，由光照角度各不相同的表面所形成，表面与光照的角度差异，形成了灰部明暗调子的变化。

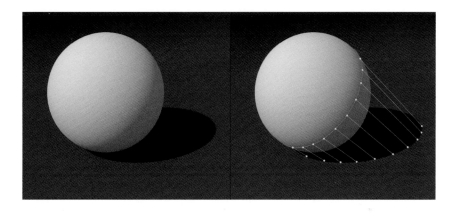

　　投影边界线则是明暗交界线（朝向完全与光线平行的面）在地表面上点对点的映射。

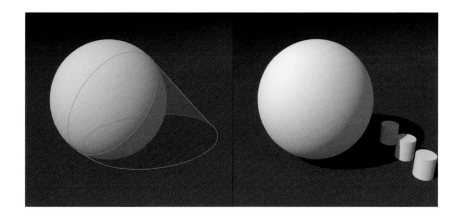

在明暗交界线与投影界线之间的部分，就是被球体亮部阻挡了光照而形成的暗部。这个暗部空间里的所有物体都会处在阴影中。观察图中三个小柱体因所处亮暗部空间位置的不同，而形成不同光影效果的现象。

以上，我对形成一个光影模型的基础条件做了较详细的解析，这些条件分属于光源和表面：

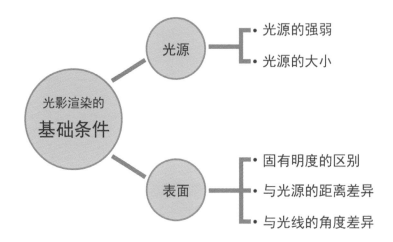

无论是默写还是综合创作，只要是凭借光影调子塑造空间或物体，上面这些基础条件都是你绝对绕不过去的弯。在后续小节更偏向于光效气氛和具体塑造案例的内容中，你还要反反复复地与这些基础条件打交道，对以上这些基本概念的透彻理解将有助于你的后续学习。

三、光影推理的学习方法

相对于色彩而言，只表达明度关系的黑白光影推理是一种比较理性的塑造方式。更理性，意味着更有规律和方法可循。如果你遵循科学的方法，获得一个相对真实的光影推理结果并不是不可能完成的任务。那么，在光影推理方面，科学的方法应该是什么样的呢？

我们需要找出下列问题的答案：

如何给自己的光影推理学习设定目标？

光影推理的步骤重要吗？光影推理的逻辑又是什么样的？

如何通过长期的练习持续提升光影的推理能力？

接下来的内容将带给你我个人的解答。

（一）光影推理的目标设定

有些人可能会觉得奇怪，光影推理的目标，不就是做到和真实状态一模一样吗？难道不是为了这个？

还真不是这样。

前文说过，一个光影现象无论如何复杂，也无非是一些设定好的光源和表面发生作用的结果。从这个角度看，光影显然不是玄学，也必然存在一个所谓的"真相"。

但坏消息是，我们的大脑无法像三维软件和渲染插件那样，能够建模、贴图、渲染，然后针对每一个像素进行计算，最终得出一个准确的答案。人类的大脑只能承载一个非常有限的计算量，这并不意味着大脑不牛，只不过大脑在这方面，确实比不上计算机。

那可怎么办？我们要的就是真实啊！

别慌，首先，对于我们最终的作品——以图像方式传达信息的插图或设计而言，它们并不像你所想的那样，必须100％准确才能唤醒观众对画面的情感。

实际上，观众对所谓的"真实"是存在相当大的容错区间的。譬如，我们都有过的生活经验：小时候我们看的动画片几乎谈不上任何程度的真实，但它依然可以使人对它产生感情。对于所有目的在于传达信息的写实画面也是一样，只要我们基本抓住画面应该表达出的气氛特征，那么信息在传达过程中的失真率就不会太高。更何况，在多数情况下，真正决定作品美感的，是构成关系而并不是100％的真实。

因此，没有必要对光影推理过分苛求极致的准确度，即便可以达到，这也将耗费你巨量的时间和精力，并不是一种正确的学习观念，我们仍需学习其他更重要的知识。毕竟，一个好作品是由多种因素的理想配合才能达成，只有极致的真实是不够的。

如果不是追求绝对的准确的话，应该如何确定光影推理的学习目标呢？

我给出两条答案：

1. 表达出特定条件下的光照特征

不同的光照条件导致了不同的光照特征，光照特征很大程度上会影响画面气氛和所要传达的情感信息，因此，把握和表达好光照特征是光影推理的学习目标之一。

2. 把握光影调子的相对关系

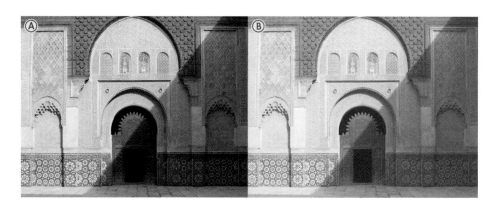

观察 A、B 两张图，从图片各个区域明度的绝对值上看，两张图当然有区别（我整体调亮了 B 图）。但是，两张图对于光感、体积感和空间感的体现并没有区别，对于真实度的体现也没有区别。

这当中的秘密是什么呢？

在我简化了图片的明度阶之后，你们竟然可以发现光感依旧存在 —— 原因在于图片中的"各个明度的序列"没有发生混乱，只要 A、B、C、D 这些调子的明度顺序和相互之间的差距比例不发生混乱，即便绝对值不是完全准确，也仍然能够维持很好的明度塑造关系。

因此，我们应该更加留意各个调子之间的相对关系。我们需要知道：哪里应该比哪里亮，大致可以亮到什么程度；哪里应该比哪里暗，但不应暗于另一处……我们需要控制的是这样的相对关系，并通过对这些关系的协调获得相对的真实感，而非为了唯一的答案去计算每一个局部绝对精确的明度值。

况且，在 CG 媒介上绘画，如果能够做到调子相互之间的关系正确，通过软件提供的相关功能，对全局关系做出调整简直是轻而易举的（如变暗、变亮或者调整全局对比度）。

基于以上两点，你在光影推理的学习道路上就不会像以往那样无所适从了。

（二）光影推理的逻辑和步骤

光影推理的步骤重要吗？

答案是：可能不太重要，但从某方面看，也可能很重要。

假如你通过理解原理和大量的练习，已经把光影推理的技巧完全内化为塑造本能了，那么所谓的步骤对你来说是可有可无的。

我曾经见过一位老师现场做的人物速写示范，他并没有完全遵循那种"先定大体动势，然后确定头部、胸腔、骨盆的比例和位置、再延伸画出四肢……"的速写步骤，而是直接从脚指头开始往上推着画的，完成的作品依然比例恰当、动感十足。这是因为这位老师对基本比例关系和动势特征早已了然于胸，他在处理局部的时候，心中仍然保有整体观念，只是以看似不太整体的步骤进行绘画表现而已。

但是，要想达到这样的"自由"，显然需要大量的实践经验积累，对于绘画经验不足的初学者来说，科学的步骤能够让你优先把注意力放在更重要的方面，以免局部脱离整体，也能让你绘画的时候不至于遗漏掉某些重要的塑造因素。这些通过步骤强行约束出来的观察和表现秩序，也能够在一定程度上提升你作品的光影塑造品质。

因此，从这一点上看，科学的推理和塑造步骤是重要的。

从根本上讲，我们遵循某种步骤做光影判断，无非就是为了提高判断的准确率，降低判断的难度。光影推理的步骤并不复杂，甚至简单到可以用两句话来概括：

先处理（或考虑）影响范围大的，再处理（或考虑）影响范围小的；

先处理（或考虑）对比强烈的，再处理（或考虑）对比微妙的。

是不是感到这两句话似曾相识？没错，我们在"观察与对比""结构与透视"的相关章节中都见过这样的逻辑，这种"先做好 A，再去做 B 就会更容易"的层级关系。

1. 先处理（或考虑）影响范围大的，再处理（或考虑）影响范围小的

看上图，这是一个晴朗天气下的室内环境，我们先对这个光影模型的基础条件（即表面和光源）做个分析。

在这个环境中一共有三个光源：

来自户外的光照，也就是天空光以及外部环境产生的漫反射；

桌子上的灯光；

显示器也是一个光源。

三个光源都对表面产生了影响，但影响范围却各不相同。

户外光照对整个室内环境产生了最大范围同时也是最重要的影响。想象一下，如果我们保持灯光和显示器的光照不变，只把户外光照更换成夜晚的样子，无疑整个画面的氛围都会产生巨大的变化。

只关闭灯光的话，部分桌面区域的明度会发生变化，但环境的整体气氛并不会受到过多影响。

关闭显示器对室内环境的影响就更可以忽略不计了。

Tips：某个光照的影响范围最大，并不意味着这个光照必须是最亮的。对于以上案例中的桌面而言，最强的光照应该是灯光，但对整个画面来说，灯光却不是影响范围最大的。

上面这个光照模型与之前的案例相比，对画面影响最大的光源已经不是天空光而是灯光了。
光源具有影响范围上的差别，表面也是如此。

上图中，各种表面虽然基本上都处于同一种光照环境下，但不同表面对于画面影响范围或影响程度上的差异有所不同，其中山石土坡所占据的画面面积最大，水面和天空次之，小瀑布只占据了画面很小的面积。

我们也可以把表面在整个画面中的面积占比，视为一种衡量影响程度的依据。

通过以上三个案例，我们可以发现，对于画面来说，无论是不同光源的照射范围，还是不同表面在整个画面中的面积占比，都会对画面施以程度不等的影响。那么，不管是在进行推理思考，还是真正落笔表现，我们都应该优先思考或表现那些对画面影响程度更大的因素，后处理影响程度较小的因素。

这么做的好处是显而易见的，在处理好影响程度更大的因素之后，通常画面就已经具备基本的气氛和空间、体积感了，对比着已经画好的部分，再去处理影响程度较小的因素会更轻松，即便局部细节表现得不够完美，修改起来也将更便利。

2. 先处理（或考虑）对比强烈的，再处理（或考虑）对比微妙的

观察上图中的雕像，这个雕像受到了阳光的直射，但同时雕像的暗部中也有着丰富的细节对比。那么，对这样的光照模型做推理思考或落笔表现的话，应该从何着手呢？

我把图片去色之后，使用 Photoshop 中的"滤镜—木刻"对图片进行了一些处理，使画面仅仅保留了五个明度阶（图 B）。

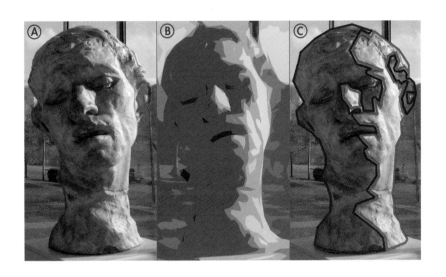

从图 B 中可以观察到，即便原图中的雕像暗部有许多看似丰富的对比和细节，但对于整个画面来讲，最强的对比仍然是亮部和暗部的对比（图 C）。

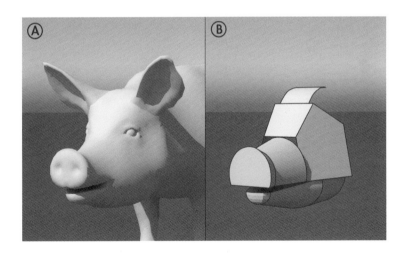

前面的章节中，我在使用典型表面对猪头进行概括的时候，本质上就是忽略了那些形成次要对比的微弱的结构起伏，只有如此才能抓住形成强烈对比的主要明度关系，假如能先把下图 B 中的强烈对比画好，再去处理微妙的细节就会变得容易很多。

再看下面这张照片：

与上一个例子不同，在这个案例中，最强烈的对比并不是亮暗部的对比，因为这是一个典型的阴天的天空光光照（从图中找不到阳光光照的特征，比如清晰的明暗交界和投影界线等）。我们看到的最强烈的对比来自固有明度的差异，此时应该优先考虑固有明度的整体对比，然后才去关注狗身体上那些细微的光影变化。

很多初学者容易被丰富的细节对比所吸引，以至于在作画初期把大量的精力和时间投在处理微妙的调子变化和丰富的细节上，对于整体画面控制而言，这么做将是得不偿失的。

一般来说，如果你在第一时间没有把握好最强烈的对比，你就会失去一个重要的对比强度参照，从而把那些不太明显的对比画得过于强烈，最终收获一张失去整体关系的琐碎画面。

总之，确定了最强的对比，才好判断次要的对比应该画到什么程度。因此，我们可以优先考虑或表现对比更强烈的部分，这将有助于我们对次要关系的把握。

3. 光影推理逻辑的权重和示例

最后，有些人可能会问道：在上述两个光影推理的逻辑里，哪一个的权重更大呢？毕竟在一些喜欢钻牛角尖的人看来，现实中很可能存在"影响范围大的却是弱对比，强对比但影响范围却比较小"的情况，假如确实遭遇这种特殊情况的话（如下图）……我通常会优先处理影响范围更大的部分，当然，这只是我的个人建议。

观察上图中的猫，在逆光状态下，最强烈的对比在这只猫的轮廓上，我一般会按这样的逻辑进行推理和表现：

首先，对于猫的部分，由于受阳光直射的亮部面积非常小，我会先把猫的暗部给表现出来，这部分受到天空光或环境光影响，面积较大；背景部分优先表现强对比，即阴影和亮部的对比，忽略草地细小的明度变化。

　　其次，表现猫身上对比强烈的部分，即亮暗部的区分，假如你尝试眯起眼睛观察，会发现此时画面的基础氛围已经有了，我们应该在这一步做得比较到位之后，才进入下一步的细节处理中去。

　　最后，处理猫身上微妙的对比变化。由于在上一步骤已经打好了"最强对比的基础"，我就可以参照最强对比，并使用更弱的调子塑造次要对比了。随着调子的逐步细分，画面的完成度将会得到稳步提升，直至最终完成。

Tips： 在我看来，临摹或写生对于创作来说，都是一种演习。假如你希望在创作中能够有秩序地塑造，在日常临摹和写生的时候，就应该刻意地进行逻辑相同的绘画表现，这将有助于你把正确的思考方式和表现顺序内化为本能。

（三）如何持续提升光影推理能力

即便光影推理这门技能背后有着坚实的理论依据，也确实存在一些科学的推理逻辑和表现步骤，它们能够在一定程度上降低我们进行光影推理的难度。要想扎实地习得光影推理技术仍然不是一件容易的事，不要妄想着只需大致理解光影原理，立刻就可以做出准确到位的光影推理，这几乎是不可能的，反复和大量的练习不可避免。如果你确实想达成在光影推理方面的无障碍表达，恐怕不得不做好打上一场持久战的准备。

在你有了"日拱一卒"的心理准备之后，我倒是也有一些个人经验可以告诉你，或许会对你有些帮助，这些建议可以总结为以下几点：

打好基础之前的基础；

谨防遗漏光影模型中的表现因素；

关注和理解表现因素的相对强度；

尝试，验证，反思和改进；

在创作中应用。

1．打好基础之前的基础

观察和对比是基础之前的基础，结构和透视的把握也不可或缺，它们是光影推理的基石。如果结构造型都不准确，由表面和光照形成的光影效果又怎么可能准确呢？因此，我坚持认为你应该先满足以下两个条件，然后才考虑开始你的光影学习。

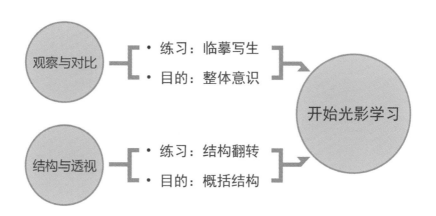

第一个条件：通过学习"观察与对比"章节中的内容，开展临摹或写生练习，至少达到可以进行顺利的、比较有效率的、不发生颠覆性修改的临摹或写生，并且，作业结果与范本相比，在型和色彩上应该要能够还原得比较准确。

第二个条件：通过学习"结构与透视"章节中的内容，顺利地完成比例透视比较准确的结构翻转练习，且在作业过程中能够对复杂表面和细节进行层级分明的概括和表现。

2. 谨防遗漏光影模型中的表现因素

表现因素指的就是我们在本章节开头所学到的那些光影名词，即亮部或灰部、暗部、投影、反光、明暗交界线、死角或闭塞。在不同的光影模型中，这些光影名词会以不同的面貌出现在我们的面前，类型相同的光影模型总是会具有特征相近的光影表现因素。

比如，晴朗日光照射下的物体，都具有平行光的特征：锐利清晰的明暗交界线或投影界线、环境光的影响以及闭塞区域等。

阴天或大光源下的物体也都具有它们各自的特征：边界不清的投影、不明显甚至完全找不到的明暗交界线，看起来比较平的固有明度表现以及闭塞区域等。

你要做到的第一步：确保自己在考虑光影问题的时候，别遗漏了其中任何一个表现因素（此处先忽略物体表面的质感变化）。

来看一个反面例子：

上图中的分面人像被放置于一个阳光照射的环境中。

"什么？看不出阳光的感觉？显得有些奇怪？"

问题出现在哪里呢？

事实上，这是很多初学者在绘画时容易犯的一个错误 —— 上图中的分面人像没有投影。

对比正确的光影效果（图 B）：

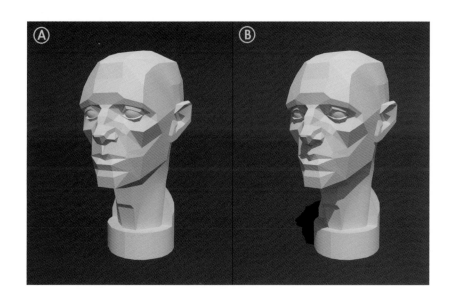

如图 B，当我们把投影添加上去之后，阳光的感觉出现了。

因此，切记：遗漏光影模型中的任何表现因素，都可能导致体积感和光感的缺失，真实的光影氛围也将不复存在。

3. 关注和理解表现因素的相对强度

初学者除了容易遗漏表现因素之外，还有一个常见错误，那就是对表现因素的相对强度拿捏不够到位。表现因素的相对强度可以被看作一系列常被提起的问题：

明暗交界线应该是锐利的还是模糊的，如果是模糊的，模糊的程度如何？

某个环境下某个物体的暗部究竟能够画到多暗？

闭塞应该画到多暗？

反光有多亮？

……

从以上问题来看，对表现因素相对强度的控制显然是光影推理的重点。

看一个反面例子：

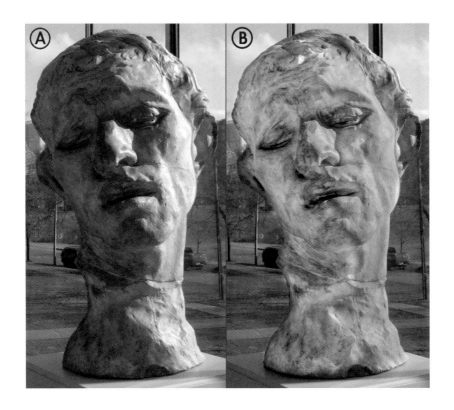

相对于图 A，图 B 雕像暗部里的反光被表现得过于明亮了，这使暗部与亮部的区分变得非常不明确，因此导致了阳光光感的丢失（阳光照射下的物体，通常具有明确的亮暗部区分）。

因此，关注和理解表现因素的强度是你持续提升光影推理能力的一个要点。

4. 尝试，验证，反思和改进

完成关系正确的光影推理是一个非常困难的任务，这通常需要大量的实践经验。但我们若是仅仅进行重复练习，能力提升的效率将会很低。习得某个技能的诀窍总是相似的，光影推理也不例外，只有通过刻意训练逐步消除常犯的错误，才能获得进步。

我把这个刻意练习的训练流程总结为一套"四步法"，分别是尝试—验证—反思—改进，不断循环，使练习中出现的错误数量不断减少，使错误的严重程度不断降低。

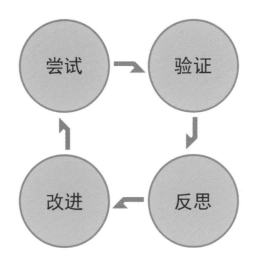

首先，你应该勇于进行光影推理的尝试，很多人在遭遇过几次失败的练习之后，便以"可能我还不太适合进行这样的训练"为借口，胆小地退回自己的舒适区，比如早已非常熟练了的临摹练习。但是，纵使你的临摹临得再好，也无法使你在光影推理上获得更多的进步，能使你进步恰恰正是光影推理练习本身。

因此，在完成"观察与对比""结构与透视"的学习，并基本理解一些光影方面的理论知识之后，不需要找过多借口，直接开始光影推理的尝试就好。光影默写是一种特别好的测试方法，在本章节的结尾部分，我会告诉你应该如何做光影默写练习。

在默写练习中你会出现许多光影塑造方面的问题，不必担心，问题只有得到暴露才有被解决的机会。你可以借由观察实物实景或三维渲染的辅助方式对你尝试的结果进行验证，并通过相关的理论知识，对与现实差距较大的推理结果进行反思，并在下一次练习时留意进行改进。

总之，在光影推理的学习过程中，你要敢于尝试，并把尝试中出现的问题视为改善的良机。别放任那些问题不管，但也别急于求成，在彻底理解出错的原因所在之后，重复若干次有针对性的练习，直到正确的操作变为本能。

5. 在创作中应用

有些同学在学画的过程中存在一些不太正确的观念。比如，他们认为创作是一件必须把基础打得特别好，然后才能（或才敢）去做的事情。

事实并非如此。

无论是结构、透视、构成设计还是光影和色彩推理，想要把这些单项技能磨炼到极致都是需要花费大量的时间和精力的，而即便你把这些单项指标都已经做得非常好了，也并不意味着把它们组装在一起就一定能够得到一个优秀的创作。

创作本身也是需要大量的实践去完成经验积累的，创作的经验无法通过不同类型的单项练习的相加而获得。因此，一旦你学会了一些技能，比如光影推理的技巧，你就应该尽快把这些技巧用到你的创作中去，在实践中去检验技能的可靠性。

虽然把不太成熟的技巧用在创作上，结果不一定会特别理想，但这几乎是唯一能够使你有足够的乐趣和动力不断进行技术升级的方法，所以，大胆地去创作吧。

四、光影模型的解析与绘画表现

在前面的章节中，我们分别对光影渲染的基础条件和光影推理的逻辑步骤做了一些了解。

如果把光影推理看作"亲手打造一件家具"的过程的话，光影渲染的基础条件就像是材料和工具，光影推理的逻辑步骤则像是制作家具的技巧。那么，还有没有什么方法可以让我们更有把握地去打造这件家具呢？

要想成功地打造家具，你需要对家具的组成有更深刻的认知。我想，再也没有比对一件家具的直接拆解更有效的方法了。

光影推理也是同理，感谢这个伟大的CG时代，我们可以极为方便地利用建模软件和渲染器对光线和表面进行彻底的研究，从中捕获光影默写的要点和诀窍。

首先，我们需要一个难度适中的物体作为研究对象。在这个解析课题中，我选择了伊姆斯夫妇在1956年设计的经典家具——伊姆斯休闲椅（Eames Lounge Chair）。

伊姆斯休闲椅由固有明度不同的多种材料构成，同时它还具备朝向各异的表面和方圆兼备的外观，是进行光影模型解析的绝佳道具。

先进行一些必要的准备，要解析光影模型，自然需要确定表面和光源的素材。

三维模型可以自己建，也可以从共享社区中下载现成的模型，但光源需要由我们自己来设定。在这个案例中，我在软件里给这把椅子设置了一个常见的日光氛围，由于我们要对它进行"拆解式"的研究，因此先看一看它最终是什么模样。

下面我们就对这个光影模型的成因做个彻底的拆解吧。

（一）直接光照和间接光照

在一个经典的日光氛围中，一共有几个光源？

答案是至少有两个光源，一个是太阳，一个是天空，它们向物体提供了直接的光照。

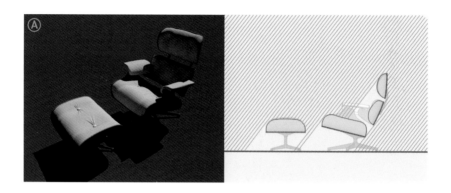

太阳向物体提供了平行光。观察图 A，在阳光的照射下，物体表面按照"是否受到直接光照"分为了鲜明的亮部和暗部，形成了锐利的明暗交界线和投影边界。在亮部中，与阳光角度不同的各个表面，形成了明度高低不一的灰部调子。

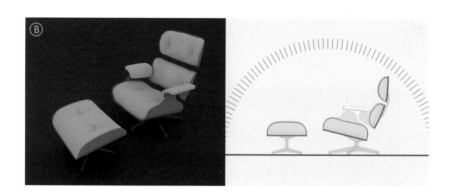

天空向物体提供了半球状的光照。观察图 B，物体的表面大面积受到了来自四面八方的光照，因此显得比较平，并且，物体大体呈现为向上的面略亮，向下的面略暗的明度特征（因为地面不产生直接光照），也形成了闭塞（死角）和边界模糊的投影。

除了这两个产生直接光照的光源之外，来自环境（比如地面）和物体本身表面的漫反射也给物体提供了一些间接光照。

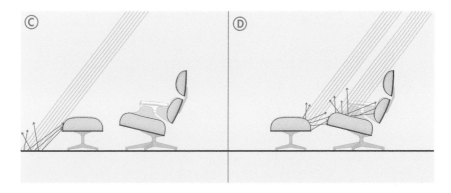

观察图 C、D，图 C 休闲椅脚凳的前部，受到了阳光照射到地面之后，从地面反射出来的光照；图 D 休闲椅靠背的部分和坐垫前部，受到了阳光照射到椅子其他区域的表面后反射出来的光照。

所有这些直接光照和间接光照的总和，就是一个晴朗天气下的日光氛围。

现在，请带上对直接和间接光照的理解再次观察下图。

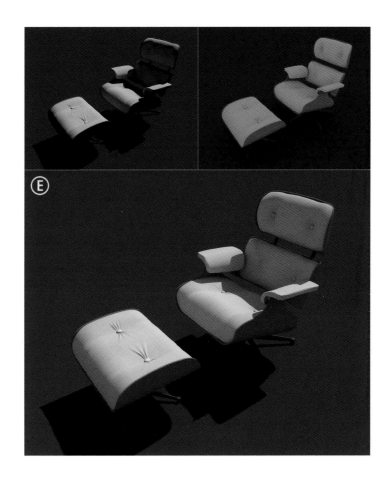

观察图 E 中阳光、天空光和其他间接光照在椅子表面的分布，你会发现：

天空光和间接光照所产生的光影效果，更多体现在物体暗部的区域。亮部区域基本上仍然以阳光为主。在多种光照混合的案例中，通常照度更强的光源决定了光影模型总体的光照特征。在日光氛围下，由于太阳的照度比天空光和间接光照都要强很多，因此多种光照混合后的效果仍然保持了阳光照射的基本特征。如明确的亮暗区分，亮部因表面与光源的角度差异而形成的灰度变化，锐利的明暗交界线和投影边界等。天空光和间接光照这类偏弱的光照，主要影响了阳光无法到达的暗部区域。

因此，在我们对光影模型进行分析或默写练习的时候，明确分辨物体的哪一部分主要受到何种光照的影响，进而正确地在该部分表现出相应光照的光照特征，则是准确还原某种特定气氛的重中之重。

（二）光照的分区

通过对日光氛围中光照的分析，我们知道了在伊姆斯休闲椅渲染图中，分别存在阳光、天空光（直接光照）和其他光照（间接光照）。根据光影推理逻辑中的"先处理（或考虑）对比强烈的，再处理（或考虑）对比微妙的"这个原则，我们应该优先判断阳光究竟照到了哪些表面，只有这样我们才能界定明暗的区分。

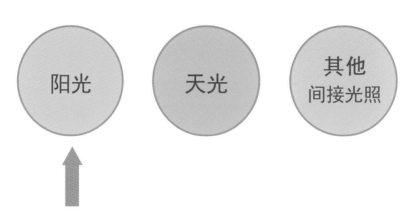

先处理（或考虑）对比强烈的，再处理（或考虑）对比微妙的

要判断物体表面亮部和暗部的分界，首要任务是明确阳光的具体照射方向。

Tips：我经常看到一些初学者抱着很大的热情学习光影表现技法，画大量的写生或默写。但详究起来，他们中的大部分人竟然都不知道自己手上正在画的光影效果的根源 —— 光的照射方向究竟是什么样的。在光向尚且不明确的情况下，没有人能捋顺表面和光线的角度关系，关系正确的光影效果也就无从谈起了。

在创作中，我一般会依特定的氛围和所需创造的构成形式来设置阳光的照射方向。在默写里，阳光的光向可以主观决定。

为了降低光向与表面的概念的理解难度，我们先从基本几何体中的方块开始。

观察上图，我在场景中放置了一个方块，然后设置了一个箭头用来表示阳光的照射角度。对应方块的三视图（注意图中标示的 A、B、C 面）。

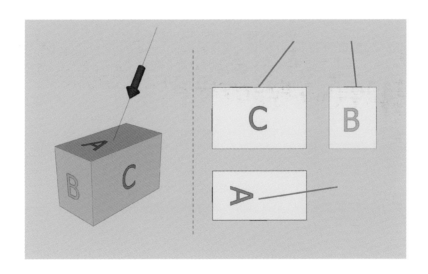

根据三视图想象阳光的方向，在刚开始的时候这会有些难。因为比较抽象，需要一些空间想象力，但这个过程不能草率对待，这是唯一的一种严谨对待光与表面的角度的思考方式。

我们可以通过三视图和主观设定的阳光光向，来推理阳光在方块和地面上的投射。并且可以据此确定明暗交界线与投影边界，方法和原理如以下步骤：

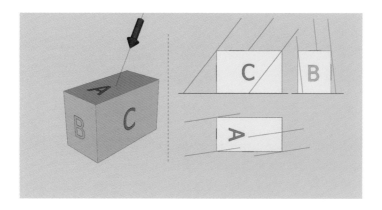

阳光是平行光，我们可以作与三视图中光向相平行的直线，过方块的各个角点。

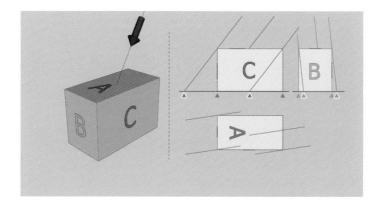

在 B、C 两个立面图中，使过方块角点的直线与地面相交，立面图中显示白边的三角形就是方块角点在地面的投射。

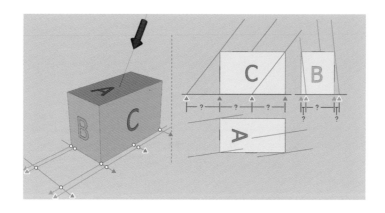

估算立面图中三角形的距离比例（即图中标记"？"的部分），利用本书第3章中"点定位"的相关技巧在方块透视图中分别找到各个三角形的位置（即透视图中的白色圆点位置）；然后，过这些点做与三角形各边平行的直线。注意：透视图中互相平行的直线，其延伸线应该聚集于远方的消失点上。

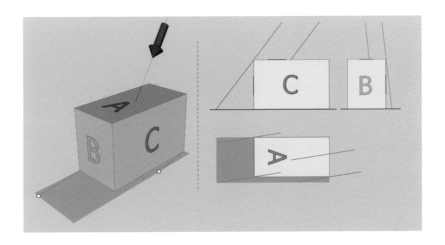

经过上一个步骤，我们得到了一个基本的暗部（投影）范围，此时对应 A 面上阳光的方向或透视图中延伸线上的点，把 A 面中的平行线画入透视图，去除多余的形状。

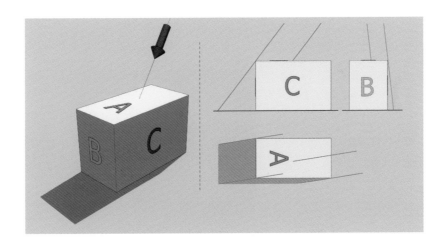

得到投影的形状之后，我们可以很直观地发现 B、C 面处于阴影里。在我们事先设定好的阳光方向中，B、C 两个面是方块的暗部。

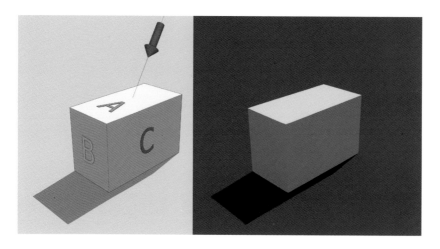

尝试使用软件进行渲染，渲染结果验证了我们根据光向和结构推理出的物体亮暗部。

（三）光影模型解析 1——日光氛围下的方块

接下来，我们就可以开始运用之前学到的知识对渲染出来的光影模型进行解析了。

解析，意味着弄明白"为什么"。在你观察任何光影现象的时候，都应该主动地带上问题。假如你已有的光影知识可以解释这个光影现象的成因，记住这个规律，在默写的时候你一定用得上；假如你无法解释这个光影现象，你就应该想办法把它弄明白，它是你的一个进步契机。

对应下图的序号，观察渲染出来的方块模型，进行自问自答：

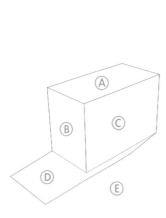

Q：在这个光影模型中，亮部和暗部分别都是哪些表面？

A：亮部是方块的 A 面（当然还有看不到的方块的另外两个面）和地面的 E 面；暗部是方块的 B、C 面和地面的 D 面。因此，A 面亮于 B、C 面，E 面亮于 D 面。

Q：一共有几个固有明度（固有色）？

A：两个，方块（A、B、C）是一个，地面（D、E）是另一个。方块的固有明度浅于地面。因此，同为亮部，A 亮于 E；同为暗部，B、C 亮于 D。

Q：阳光影响了哪些表面，天空光和间接光照影响了哪些表面？

A：阳光形成了亮部，即 A、E 面。

天空光影响了所有的面，但由于阳光的照度更强，亮面（A、E）更多体现阳光的影响，而暗面（B、C、D）更多体现了天空光的影响。

来自地面和物体本身的间接光照（漫反射）影响了除 A 面之外的所有表面，为什么 A 面不受间接光照影响？因为在这个案例中，A 面是向上的，没有表面可以把光线反射到 A 面上。间接光照与天空光一样，更多影响的是物体暗部。

Q：为什么 A 面没有明度上的变化？

A：首先，A 面是一个平面；其次，在这个光影模型中对 A 面影响最大的光源是阳光，即平行光，对于朝向一致的同固有色表面来说，在平行光下基本不需要考虑 "因与光源距离不同而产生明度差异变化" 的这个因素，因此 A 面基本上只考虑一个明暗调子即可。

Q：B 面和 C 面为什么只有非常小的明度差别（C 略亮于 B）？

A：B 面和 C 面主要受天空光影响，天空光相当于是半球光，特征是光照平均，假如这个方块完全处于天空光照射之下的话，应该是这样的：

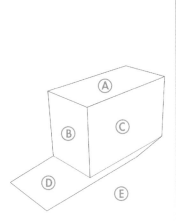

可以看到在完全的天空光照射下，除了 A 面略亮之外（因为 A 面向上，能够得到更多的半球光照射），B、C 两个面几乎是没有区别的。在这个日光气氛中，C 面略亮于 B 面的原因是：

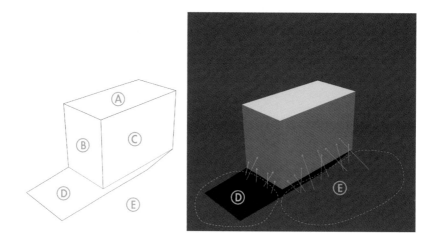

B、C 两个面受天空光影响的程度是基本相当的，但它们受间接光照影响的程度不同。C 面主要受图中粉色虚线区域（E）提供的漫反射光所影响，该区域是地面受到阳光直射的亮部，能够提供较强的漫反射；而给 B 面提供漫反射的绿色虚线区域主要是投影（D 暗部），因此提供漫反射的强度与粉色区域相比要弱很多。

综合以上因素，C 面 = 天空光 + 较强的漫反射光，B 面 = 天空光 + 较弱的漫反射光，因此 C 面略亮于 B 面。

至此，我们使用已经学过的光影知识完整地"拆解"了一遍这个简单的光影模型，基本做到了对日光氛围下方块的光影效果的彻底理解。基于这些理解，此时我们甚至可以把它默写出来……先别急，接下来我们应该回到那把伊姆斯休闲椅上了。

（四）光影模型解析 2——日光氛围下的伊姆斯休闲椅

让我们再看看这把与方块相比显得非常复杂的椅子。也许你心里会有点发怵，这样复杂的物体真的可以像方块那样被彻底解析吗？

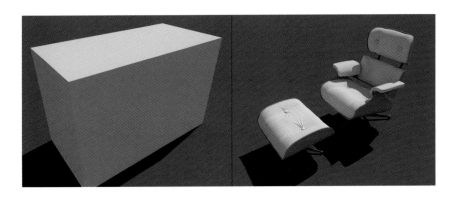

当然，完全可以。

实际上，我们之前所分析的那个方块，正是包裹这把椅子的盒子，还记得你是怎样进行结构翻转作业的吗？

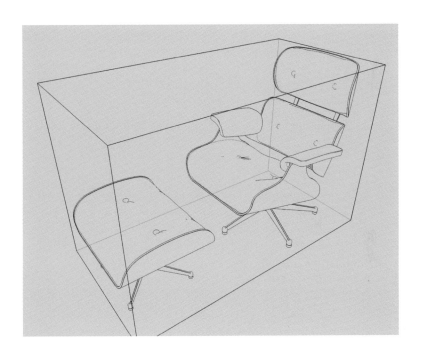

在结构翻转练习中，我们可以基于对方块结构与透视的理解、对复杂结构进行概括的方法以及确定空间中的点的位置的技巧，从而完成一个复杂物体的结构再现。

在光影推理中也同理，我们也需要一系列的简化与概括，才能最终达到以光影再现复杂物体，也就是默写的目标。

首先，运用结构概括的方法，把椅子的各个体块概括为基本几何体，或者基本几何体的组合和切削。然后在方块中找到对应点，完成结构翻转。（详细方法参考本书第3章"结构与透视"相关内容，此处我以三维线框图进行模拟。）

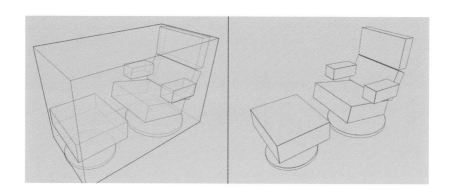

　　初期的概括原则是：

　　尽可能使用更少的面来概括物体，并且，请尽量使用方块进行结构概括，因为方块是由最易于理解朝向的平面所构成的，这将有利于我们简化理解光线和表面的角度关系。

　　在完成这一步概括工序之后，我们就可以对这把椅子的光影做出推理和分析了。

1. 区分亮部与暗部

　　首先，依然是根据阳光的方向区分物体的总体亮暗部，为了便于观察，我们先设定所有物体表面的固有明度都是一样的，稍后再考虑固有明度因素。

　　经验不足的同学通常难以做到看着三维空间里的光向，直接判断光线与表面的角度关系。我的建议是，可以从三视图的光影分析开始做起，这样会变得简单很多。

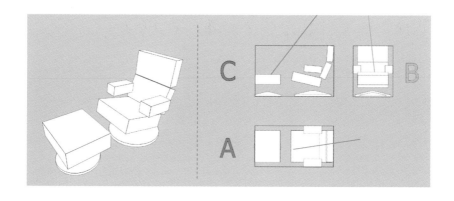

上图中，C 立面图更适合进行初步的光影分析，在这个立面图里我们可以看到更多的表面朝向关系。

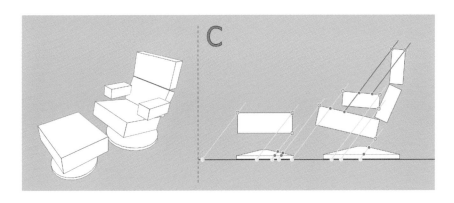

首先，我们得先把最强烈的对比，即亮暗部的区分边界给找到。

观察立面图，作平行光线过 C 立面图上向光的角点（图中以圆圈标示），然后把这些角点在地面或物体上的投射点也给确定下来（图中红色圆点标示投射在物体上的角点，黄色圆点标示投射在地面上的角点）。

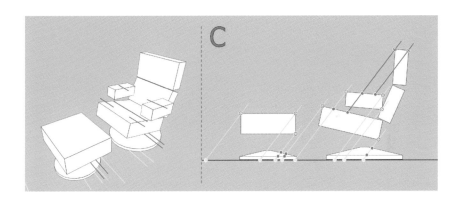

估算 C 立面图中各圆点的距离比例，利用本书第 2 章中"点定位"的相关技巧在方块透视图中分别找到各个圆点的位置，做出平行于各边的线条标记。注意：透视图中互相平行的直线，其延伸线应该聚集于远方的消失点上。

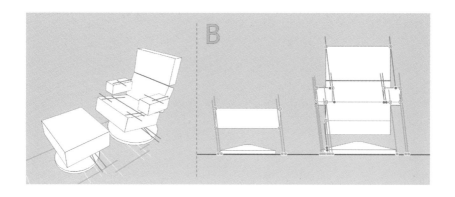

回到 B 立面图上，估算立面图中角点的投射位置，在透视图中分别找到相应的点，做出平行于各边的线条标记，方法与 C 立面相同。注意：透视图中互相平行的直线，其延伸线应该聚集于远方的消失点上。

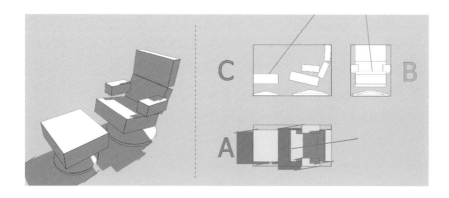

经过上一个步骤，我们得到了一个基本的暗部（投影）范围，此时对应 A 面上阳光的方向，把 A 面中的平行线画入透视图，去除多余的形状。

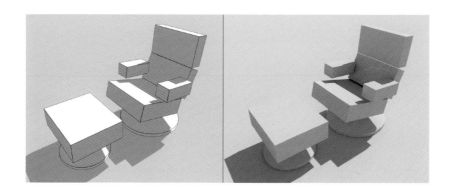

尝试使用软件进行渲染，渲染结果验证了我们根据光向和结构推理出的物体亮暗部。

通过上述步骤，我们确定了物体的亮暗分区。从光影的表现因素上看，亮部包括不同明度值的灰部，暗部包括不同明度值的暗部、投影、反光和闭塞，看下图：

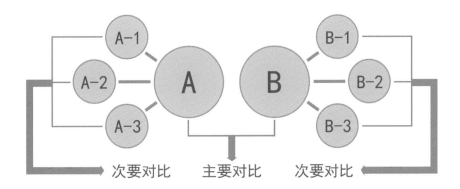

假如我们把日光氛围中物体的亮部和暗部看作 A 和 B，那么 A 和 B 的对比是主要对比，通常也是强烈的对比；把亮部（A）中不同明度值的灰部看作 A-1、A-2、A-3，把暗部（B）中不同明度值的暗部、投影、反光和闭塞看作 B-1、B-2、B-3，这些对比是次要对比，通常也是弱对比。大多数情况下，次要对比的强度不应超过主要对比，而且，在主要对比没有得到确定之前，不应投入过多精力在次要对比上。

观察以下两张图中作为主要对比的亮暗部总体区分，以及亮部和暗部中包含的次要对比关系，感受它们的对比强度差别。

当我们推理和分析完 A 和 B 的主要对比之后，接下来就要进入次要对比中了。

2. 亮部调子的区分

日光氛围下，物体亮部调子的明度高低，主要取决于阳光光线与表面的角度关系（暂时忽略固有明度因素），按此前学到的方法对物体亮部朝向各不相同的表面进行角度分析。

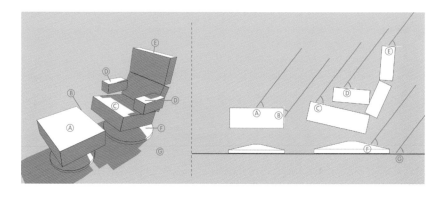

通过上图，我们可以大致看出各个朝向不同的表面与光线的角度关系，角度差别越大，表面的明度差别也会越大。

通常，我们可以优先对比那些显示面积较大的亮部，把面积较大的亮部画对了，面积较小的亮部就更容易画对。如图中 A、C、D、G 这几个亮部可以优先进行对比。

经过观察，A、C、D、G 在 "表面朝向与光线的角度是否更垂直" 这个判断维度上，排序是 C—D—A/G，在明度上，也就是 C 亮于 D 亮于 A/G。

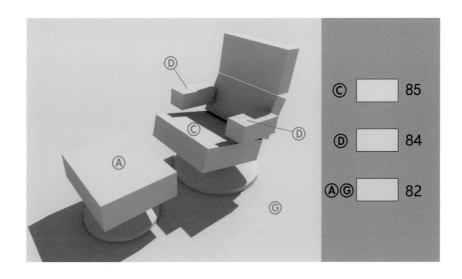

渲染模型，进行取色验证，明度排序确实是 C 亮于 D 亮于 A/G。这些表面的明度值很接近的原因，是因为它们与光照的角度差异确实不太大。

其他显示面积稍小的表面，也可以参考这些表面逐一确定明度。

有的同学可能会说："但是，这只能判断相对的明度关系，并不能算出各个表面明度的绝对值啊。"然而正如此前章节所述，我们只要把握住光影调子的相对关系，即可表现出比较到位的光感和体积感。从画面效果的总体控制来看，存在学习价值的正是相对的明度关系，而非绝对的明度值。

观察以下两张图，物体亮部各个朝向的表面因和光线角度不同而呈现出的明度差异。

3. 暗部调子的区分

日光氛围下，物体暗部除了受天空光影响之外，也受到来自环境或物体本身的漫反射光（或称为间接光照）的影响，所谓的闭塞和反光也是因此而形成。相对于亮部调子，暗部调子的对比通常会更微妙柔和，更不容易进行"计算"，但是不必担心，基于对各个光影表现因素的彻底理解，把暗部画好并不太难。

（1）暗部总体光照

室外的日光氛围中，物体的暗部主要受到天空光的照射。即便是暗部，只要有光照，就仍可能存在可辨识的明度对比。因此，在进行光影推理的时候，切勿不假思索地直接把暗部涂成一团黑，在考虑暗部总体调子的时候，你应该多加权衡表面固有明度和天空光的强度这两个因素。

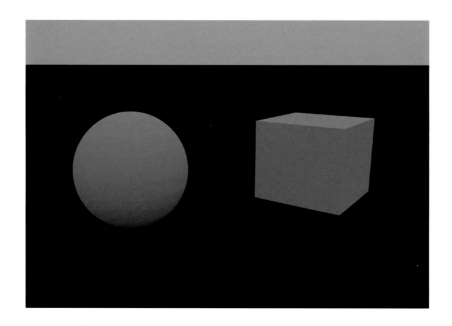

在场景中设置一个球体和一个方块。为了更纯粹地观察天空光对物体的影响，我将地面设置为纯黑色，以排除环境漫反射带来的光照干扰。室外的天空光可以被理解为半球光，在半球光光照中，物体向上的表面能够接受到更多的光照。因此，你可以看到球体和方块向上的面显得更亮一些。

尽管如此，由于半球光的总体光照是比较平均且光向不统一的，物体整体不会存在特别强的对比，显得比较平和而缺乏体积感。事实上，这也正是室外阴天氛围的光照特征之一，在下面休闲椅的概括模型中你也能看到这种光照特征。

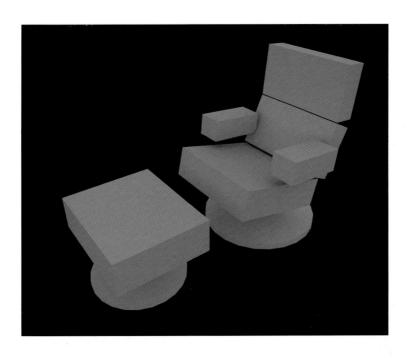

任何物体暗部都是受到天光或半球光的影响吗？

当然不是，举例：

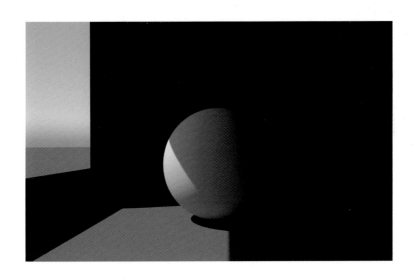

　　看上图，球体被放置在一个开了窗的室内环境中。此时，在这个光影模型中存在两个直接光照，一个是阳光，另一个是天空光，我们接下来对主要影响球体暗部的天空光进行分析。

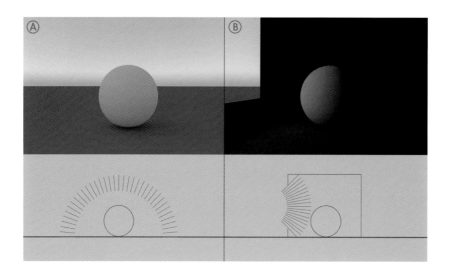

开敞环境下的天空光如同图 A 那样，是半球光照；但在图 B 中，天空光被墙体和窗户约束了光照方向，在这个环境条件下，我们可以看到天空光的方向性变得更明确，明暗交界线也变得更明显了，究其形成原因，是因为光源面积变得更小了的缘故，而天空光无法直射到的球体部分，则完全由环境漫反射提供间接照明。

因此，暗部由何种光照影响，影响程度如何以及其具体明度的变化，不应该概念化地依赖固定套路，而要具体问题具体分析，根据实际的环境光源条件进行光影推理，这样才能得到和谐真实的光影效果。

观察以下两张图，感受物体暗部的总体光照条件和光影效果。

（2）闭塞

闭塞在维基百科上的定义是："与世隔绝，消息不灵通，通信或对外交通不发达。"

光影表现因素中的闭塞，意思是由于光线（通常指的是大光源如天空光，或者环境漫反射）被一些物体阻挡，而形成某些表面光照不充分的漫反射阴影的现象。

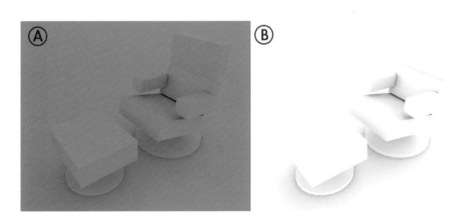

A 图是模型在天光下的渲染结果，在半球光照射下的模型显得很平，但仍然有一些阴影使它多少还能体现出一些体积感。在我调整过对比度的 B 图里你可以更容易地看到这些阴影的存在。

上图中也能看到相似的闭塞现象。

这些阴影，就是漫反射阴影或闭塞，其中特别暗的部分，有时也会被称作死角。

看下图：

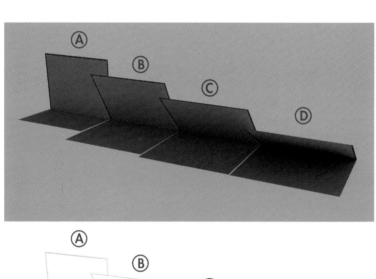

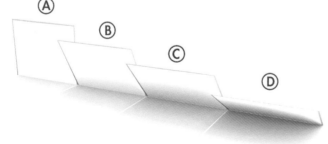

在上图的场景中，我放置了 A、B、C、D 四个与地面夹角角度不等的平面，然后进行渲染。通过观察暗部可以发现，四个平面暗部里闭塞的明度是各不相同的。明度上，由亮到暗的排序是 A>B>C>D。

由此得到一个闭塞的规律：

· 不同的表面互相之间越接近，形成的空间或缝隙越狭窄（光线就越难以进入这些空间或缝隙中），闭塞的明度就会越暗。

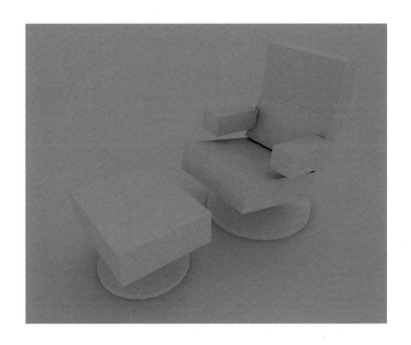

带上闭塞明度的规律，再次观察上图，理解漫反射阴影的形成原因。

对比下面的两张图：

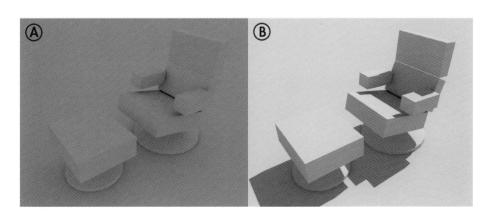

如图 B，在日光氛围中，我们应该在暗部表现出闭塞所产生的漫反射阴影，很多情况下这是表达物体暗部体积感的重要因素；亮部由于光照方向明确，不需要考虑闭塞问题。

　　观察以下两张图，感受因物体表面之间的空间或缝隙狭窄而形成的闭塞效果。

（3）反光

　　反光就是间接光照，一般是由于直射光照射到环境和物体表面之后，表面反射一部分光线形成了漫反射光，这些光可以给附近物体的暗部提供一些间接光照，从而提高物体暗部某些区域的明度。

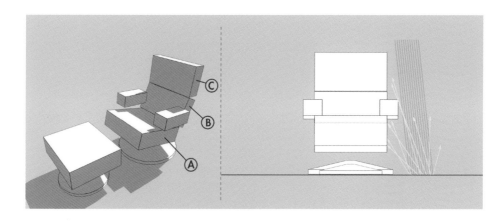

上面右图中，绿色的平行线代表阳光的平行光照，黄色直线代表地面在接受阳光直射后，反射形成的漫反射光。可以看出，这些来自地面的间接光照影响到了物体的暗部区域，此处我们选择上面左图中的 A、B、C 三个表面作为研究反光的对象。

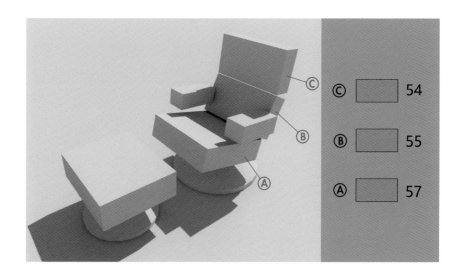

经过渲染可以发现，地面产生的间接光照随着距离增加，单位面积上的光照强度发生了非常微弱的衰减。

Tips1：初学者容易犯的一个光影推理错误是：经常容易不自觉地就把反光画得太亮，或者画得对比太强，从而使暗部显得支离破碎失去整体。

首先，反光作为间接光照，无论怎样亮，也是不可能亮过亮部的直接光照的。因此，对于反光来说，更克制地表现明度的提升是一个明智之举。

其次，通常暗部中比较强的对比是不同固有明度的对比，然后是闭塞区域的对比，最后才是反光的对比，不应该为了追求光影效果而孤立地提升局部反光的对比度。

Tips 2：另一个常常被提到的问题是：暗部中，究竟是天光直射的区域更亮，还是环境产生的间接光照更亮呢？

两种情况都有可能。

在之前的案例中，反光的根源是阳光，因此反光一定弱于阳光直射，但天空光和阳光并非同一个光源，阳光所形成的反光是有可能比天空光要亮的，举例：

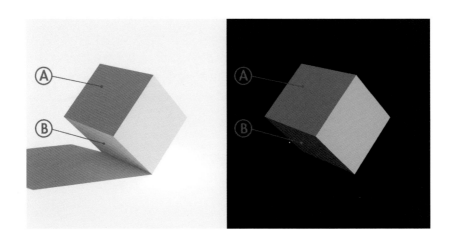

上图中的两个案例，区别仅在于地面的固有明度，却使同属于暗部的 A、B 两个面的明度高低次序发生了变化。

左图设置了浅色地面，因此地面在受到阳光直射后，形成了相对更强的漫反射，从而提高了 B 面的明度，而 A 面由于朝向天空，基本不受地面反光影响，因此在明度上 A<B。

右图的地面固有明度很低，因此即便受到阳光直射，也无法提供多少反光，因此 B 面显得非常暗，整体暗部明度呈现为 A>B。

据此我们可以得出一个结论：物体暗部反光区域的明度，很大程度上取决于环境可提供的漫反射光照的强度，而这与环境的固有明度直接相关。

观察以下两张图中来自环境或物体本身的漫反射，尝试理解这些漫反射是如何影响物体暗部的明度关系的。

4. 固有明度的区分

　　在实际应用中，除了之前小节里分析过的诸多光影因素之外，还有一个重要因素会对光影效果产生影响 —— 不同的表面可能会拥有不同的固有明度，在进行光影推理时，我们要把这个因素考虑进去。

看下图：

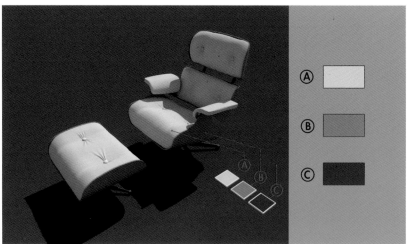

伊姆斯休闲椅的实际渲染结果中，物体表面存在三个固有明度的设置，分别是椅子柔软表面的 A、椅子木质部分的 B 和地面 C 在固有明度上，存在 A>B>C。在实际创作中，大部分物体的固有明度一般依据合理性或构成需要进行主观设置。

回到概括模型中，将固有明度因素加入光影模型，对比以下两图：

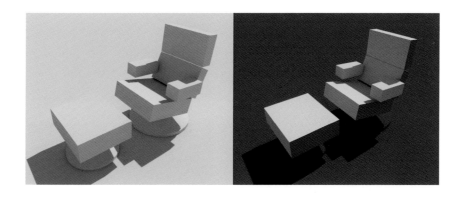

当我们把固有明度因素加入光影模型后，画面的整体光影效果发生了很大的变化，尝试对一些区域进行取色分析。

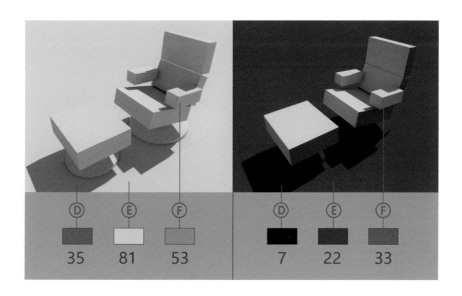

对 D、E、F 三个点进行取色，对比添加固有明度因素后的光影效果，可以发现：

地面固有明度变暗之后，地面上的亮部 E 和暗部 D 都将变暗；同时，相较之前的光影效果，亮部 E 和暗部 D 的对比变弱了（明度更接近了）。

并且，固有明度变暗之后的地面，无法像之前那样产生很强的漫反射，因此受到地面漫反射影响的 F 也变暗了（两图中 F 的固有明度是一样的）。

总之，当你给物体表面设置不同的固有明度的时候，别忘了同步调整亮部和暗部的明度值。而且，你还需要考虑不同固有明度的表面所产生漫反射强度的差异，这将会在很大程度上影响物体暗部的光影效果。

观察以下两张图，感受因固有明度不同而形成的亮暗部对比的差异，理解不同固有明度的表面所产生漫反射强度的强弱区别。

5. 光影分析要点小结

综合以上分析内容，对光影分析的要点做一个归纳和梳理：

（1）无论进行任何复杂的光影分析，要做的第一件事都应该是概括看待和理解光影模型中的一切物体，把复杂的形体进行简化，你的分析效率才能事半功倍。

（2）接下来就是搞明白光影模型中光源的属性和数量，不同种类的光源，具有不同的光照特征，也会带来不一样的光照效果。

（3）通过分析，弄明白每个光源的影响区域和影响强度，光照的分区常常会决定最基本的光影效果，多数情况下这一步骤就是在确定最主要的对比。

（4）在确定主要对比之后，分别对次要对比进行分析，注意，不要陷入局部的泥潭，次要对比总是弱于主要对比的，不要为了强调局部效果而不加节制地提高局部的光影对比强度。

最后，对比椅子原图和已经进行了光影分析的概括模型。

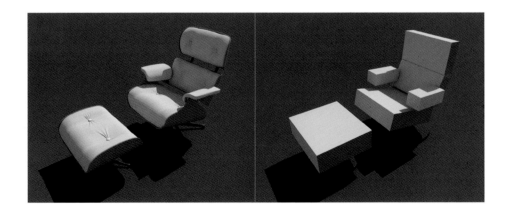

眯起眼睛同时观察两者，你会发现它们的光影效果几乎是一样的，这就是概括物体并进行光影分析和推理的成果。然而，椅子原图存在丰富的细节和微妙的明暗调子变化，我们应该如何将简化过并已推理出大致光影的概括状态，转变为充满细节的现实状态呢？在实际绘画中又应该如何执行这种细节的呈现呢？请接着学习后面的内容。

（五）光影细节的还原与绘画表现

1. 概括结构与还原细节

　　经过光影分析学习，我们已经对伊姆斯休闲椅在室外日光氛围下的光影效果有了一个非常透彻的认知。我们通过概括，简化了椅子的表面结构，使物体和环境各个区域明度的形成原因变得易于理解，最大限度还原了整体的光影效果。

　　这个"概括之后再进行分析"的操作思路，与本书结构相关章节中的"结构概括—结构翻转"非常相似，都是利用简化结构来降低分析和推理的难度，从而获得一个大致的整体效果。同样，与结构翻转的流程相同，我们也需要一些额外的步骤，使推理出来的光影效果更加接近物体的现实状态，我把这个过程称为还原细节。

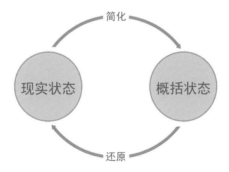

　　现实状态和概括状态存在一些区别，在此我们仍以伊姆斯休闲椅为例，观察下图：

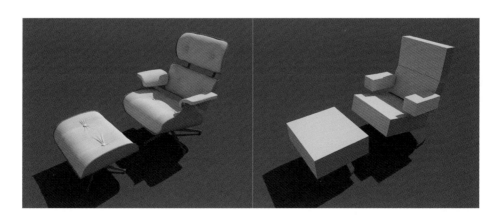

　　对比两图，左图为椅子的现实状态，右图为概括状态，它们的区别是：

（1）现实状态

有着更多的细节；

存在更多复杂的曲面；

光影调子更加微妙和丰富。

（2）概括状态

细节很少，整体偏向于基本几何体的组合；

由平面或简单的大块典型表面构成；

光影调子简洁易于理解。

总之，在现实状态下，由于结构上存在更多的变化，物体在光照下呈现出了更多的细节和明暗调子的对比。

概括结构可以被看作一种做减法的思路，按照对于物体整体结构的影响大小，依次归纳和忽略不必要的细节，如下图：

还原细节则恰好相反，是一种加法思路，按照对物体整体结构的影响大小，依次增加细节和细分表面结构。

回到伊姆斯休闲椅上，假如增加一个细分的阶段，就不难衔接起物体的概括状态和现实状态了。

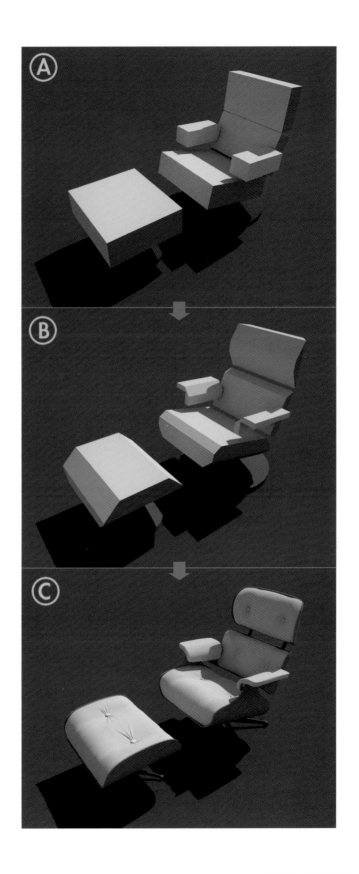

如上图，我在 A（概括状态）和 C（现实状态）中间加入了一个 B，也就是加入了一个细分表面的阶段，此时你可以看到，B 相对于 A 来说，更加贴近物体现实的形态，有了更接近现实的细节和局部光影效果。

这个细分操作应该是渐次、分层级进行的，换句话说，当我们细分出 B 这个阶段之后，仍然可以进一步在 B 和 C 中间加入 B-1、B-2 等无限次的细分操作，最终使物体无限接近于现实状态（如果有必要的话）。

当然，你可以仅仅把上述思路看作一种执行理念，在绘画中，我们并不会僵化得像软件程序一样毫无感情地去细分物体结构，但这种思维确实能够使画面深入过程变得更加可控。

2. 光影推理和绘画表现

在这一小节中，我们尝试利用此前学到的光影分析方法以及细分深化流程，来重现伊姆斯休闲椅在日光氛围下的光影效果，希望你能从中获得一些关于光影推理和绘画表现的感悟。作为对照，我在示范步骤边上放置了椅子现实状态的图片，你应该关注的是随着步骤画面是如何越来越接近现实状态的。

开始绘图：

（1）打型，绘制椅子的基本结构

确定大型的阶段可以放松些，只要基本比例和透视正确，不必使用特别精细化的绘图工具（如钢笔工具等）。

造型基础薄弱的同学可以在这个阶段用线条把物体的型稍微定得明确详细一些，不要出现大的结构或透视问题；结构翻转能力较强的同学可以简单确定大型，甚至跳过这个步骤，直接使用调子和色块进行塑造也是可行的。

（2）铺最大面积的颜色或背景色

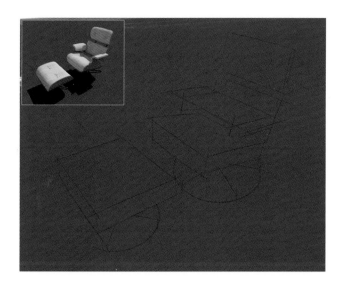

优先确定大面积的颜色，可以让你接下来的明度调子区分具备一个良好的对比基础。一般来说，先确定背景色是比较理想的做法。

Tips：铺大体色时直接铺满，不要给椅子留出空白。

在设想的固有明度分配中，地面的固有明度是比较暗的，因此，选一个略暗的调子铺出地面，通常亮部面积大的话，先画亮部（反之同理）。

不建议在一开始就使用太白或太黑的颜色，否则后续深化时，你发现明暗调子的选择空间会变得非常局促。

（3）铺主体的大面积颜色

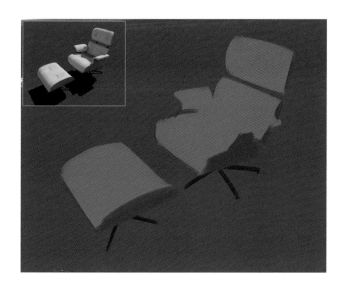

与上一步骤相同，主体的大面积颜色也可以先定下来，此处我选择先画物体的暗部调子。

暗部只要仍然有光照，就能够体现物体固有明度的差别。因此，在这个步骤里，可以大致对物体的固有明度做一个区分。

Tips：此时我们画的不是固有明度本身，而是固有明度处在暗部时的状态。你需要考虑暗部的光照，假如暗部光照比较强烈，固有明度可以区分得开一些，如果暗部光照很弱，固有明度的区分就不会那么明显，甚至无法区分固有明度。

这个阶段中，固有明度相同的暗部基本可以平涂，虽说暗部中存在很多闭塞或局部反光，但在这个阶段，考虑基本的天光和环境漫反射即可，你也可以把这个调子视作眯起眼睛观察到的暗部的中间调子。

另外，个人不太建议在这个阶段过于精细地处理图形边缘，我比较喜欢让图形边缘的完成度与整体画面的完成度保持一致，这样做的好处是：你在深化的过程中可以获得一种整体感，并且整体深化的流程可以让你更放松心态，不至于为了在后续步骤中保持精细的边缘而缩手缩脚。

（4）区分整体亮暗部

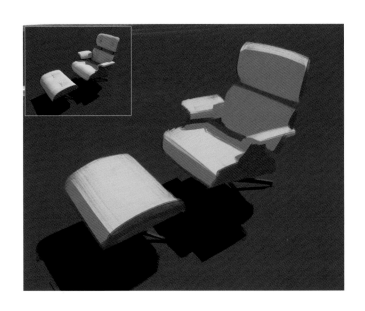

按照此前讲述的光影推算方法，确定阳光在物体和环境上照射的大致区域。

这是整个光影推理和表现中最为重要的一个步骤。从这个步骤开始，画面中开始有了总体光影的对比关系。正是由于这个原因，你不需要在之前的偏向平涂的阶段，过于纠结调子的绝对值问题（因为那时亮暗调子的对比关系还没有形成，谈绝对值没有意义）。但在这个阶段，你必须很谨慎地考虑调子的相对明度问题。通常在这个阶段没有被推敲得比较舒服之前，我是不会贸然深化下去的。

在处理亮暗区分的时候，初期还是可以用比较统一的调子平涂。此时你应该多考虑物体在概括状态下，某个区域的调子大致如何，而不要过多去纠结物体在现实状态里局部的调子变化。换句话说，我们目前画在物体上的亮部颜色，其实就是物体概括状态下的亮部颜色。

（5）考虑亮部表面朝向，细分结构，确定亮部调子差别

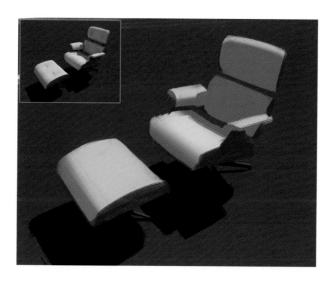

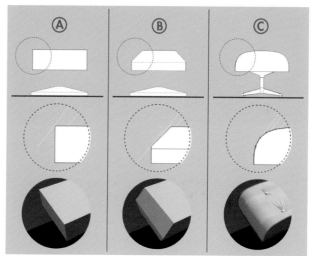

先从物体的亮部还是暗部开始细分并没有标准答案。我个人喜欢从面积较大的部分开始，在这个案例中，我决定先从亮部开始。

日光氛围中，亮部调子主要取决于表面和阳光的角度关系，分析大体的表面朝向，定出有限的几个明度调子。

在物体产生转折的部分可以考虑细分物体的表面，以休闲椅的脚凳为例：

观察上图 A、B、C 虚线圆圈中的脚凳结构，在概括状态中（A），我们可以确定基本的亮

暗面调子，现实状态（C）中转折变得更加圆滑，基本上是一个柱面结构了，但柱面也可以被理解为多个平面的组成，那么基于细分阶段（B）的思路进行光影分析，就不难把结构画得接近真实了。

在实际操作中，并不一定要以多个平面去细分一个曲面，你可以使用喷枪类的柔和笔刷来模拟这个圆滑的过渡。

这个阶段要注意的是：明度调子的细分或过渡，要基于你对那个结构转折的彻底理解，不要想当然地把所有的光影转折全都给柔和地过渡一遍，这将会严重地破坏物体的结构。如果有必要的话，你可以手绘三视图来辅助自己理解调子细分或过渡的程度。

（6）细分暗部调子，表现闭塞和反光

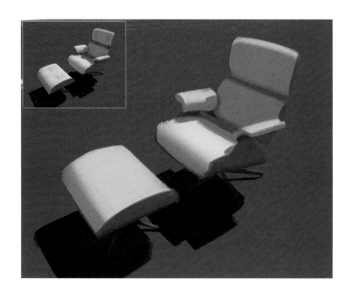

在暗部中面与面相接近的区域，画上漫反射阴影，面与面之间的空间或缝隙越狭窄，调子可以越暗。此外，漫反射阴影的边缘都是模糊的，柔和地处理这些次要对比会更好。

反光也可以有节制地表现上去，记住，反光无论如何不能比亮部还要亮。如果没有把握的话，宁愿把对比画得弱一些，也比把对比画得太过强烈而破坏整体效果要好得多。

如果你在这一步做得足够好，你就会发现当你把闭塞画好之后，物体暗部的体积感基本就都出来了。

在你细分调子的时候，可以顺手把边缘整理得更加整洁一些，以使边缘轮廓跟上整体刻画的完成度。

（7）添加细节

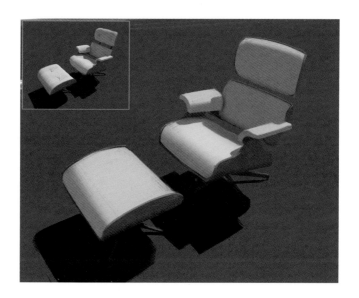

随着调子的细分，我们可以逐渐把一些在初期做减法忽略掉的细节给还原起来。例如，椅子的木质外壳和坐垫、靠垫等软包衔接的部分，这些地方会有一些细小的亮暗部区分，也会存在一些漫反射阴影，把它们表现好能提高画面的完成度。

（8）表现微妙的调子变化

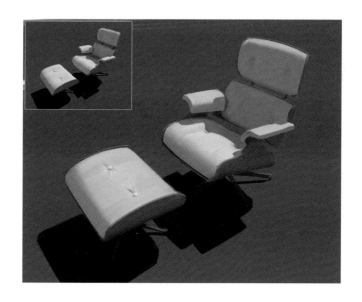

继续细分次要对比，如椅子坐垫和靠垫表面微妙的结构起伏。细微调子的控制是难度比较高的，很多绘画经验不足的新手总是把这些微妙的调子画得过分明显，从而打破了亮暗部总体的强烈对比，以至于最终失去光感和体积感。

因此，在表现这些细微调子的变化时，基本的规则是"宁弱毋强"，如果确实想画出微弱对比，最好也是一层一层谨慎地加强，不要一次就画死。

到此，一个伊姆斯休闲椅在日光氛围下的素描练习就算完成了。

（六）带有演习性质的光影临摹练习

在研究光影推理的学习阶段，你也可以利用上一小节中的方法，做一种"带有演习性质的临摹练习"，它能帮助你在短时间内获得大量的光影推理经验。

临摹是一种有效的学习方法，但是请注意，如果你是为了学习光影推理，却仍然只为了得到一个复制品，按初期"抄像素"式的方法临摹的话……这样的练习是无效的。因为，你在练习过程中并没有加入对结构和光照的理解，也就不可能通过这种练习来提高你的光影推理技能。

带有演习性质的临摹练习是这样的：首先你需要找到一些你完全可以理解其结构的照片。初期以单体物件为宜，能力提高之后可以画一些室内外的空间，此处我以下面这张图片为例：

这张图片中物体的结构非常明确，很适合用来做演习临摹的素材。如果你还没有任何质感方面的知识，可以暂时把水面当作普通材质来看待也无妨。

开始绘图：

1. 铺大面积的背景色

在这个案例中我跳过了线稿打型的阶段，先从背景开始画起。我们画的是天空，但需要意识到它其实是一个光源。

2. 铺主体的大面积颜色

主体建筑在这个画面中大面积处在暗部，因此我决定先铺上一遍暗部的调子。

从参考图片中可以感受到，主体建筑大致存在两个固有明度（特别细微的明度差异此时先不考虑）。一个是建筑总体的墙面区域，另一个是建筑拱门附近的浅色区域，由于后者在画面中的面积占比不大，这个阶段可以先不考虑对它的表现。

顺便用线条稍微把型明确一下，方便接下来的亮暗区分。

3. 区分整体亮暗部

对照参考图片，想一想阳光的照射方向。确保自己真的能够理解画面中所有物体亮暗部形成的原因。如果参考图片中的细节特别丰富，你应该先以概括或做减法的态度来看待那些复杂结构，当它们都以偏向几何体的形式出现的时候，光影分析就不会那么困难了。

4. 区分暗部调子 -1

主体建筑靠近地面的暗部区域，相比高处而言更容易受到地面漫反射的影响。因此，建筑暗部总体有一个从上到下逐渐变亮的渐变调子，同理，左边较矮的建筑暗部也被画亮了一些。

另外，由于空气透视和漫反射的缘故，近处的物体暗部也可以更暗一些。

5. 区分暗部调子 -2

接着处理暗部中的明度调子，你要把注意力放在两方面：

一方面是暗部中固有明度不同的部分，如拱门附近的浅色表面；另一方面是闭塞部分，暗部里结构深陷的部分会有比较明显的闭塞，如拱门、钟楼和左侧建筑的窗子等。

6. 区分亮部调子

亮部调子的区分包括不同固有明度的区分，以及表面与光照角度的区分。假如场景较大，还要考虑到一些空气透视因素（即远处的调子相对会变得更浅一些）。

7. 细分调子，添加细节 -1

在明暗的大体效果完成之后，逐层添加细节，并处理过渡部分。

添加细节的时候，最好不要每个区域都平均刻画，一般来说优先刻画对比强烈的、容易引人关注的部分，例如形状的轮廓，不同材质相交接的部分等，这样可以事半功倍。

过渡方面，务必考虑清楚结构转折关系，不要过分依赖直觉。

此外，一些表面是存在细微的固有明度变化的。例如，建筑的墙面和石狮子的表面，其实并不是完全均匀一致的材质。在深化过程中，可以小心地表现出这些材质的固有色差异，这能够很有效地提升画面的精彩程度。

8. 细分调子，添加细节 -2

　　画面中一些细小却遮挡在主体前方的东西，可以最后再绘制。比如，路灯和石狮子吐出的水柱，这些细节几乎不会对整体光影效果产生影响，但能够提升画面完成度。因此，在临摹结束之前一次性把它们画好就可以了。

　　这样，一个带有演习性质的临摹练习就算是完成了。如果你希望画得更加细致，重复上述流程中的最后几个步骤，渐次细分即可。

　　演习临摹和初期的"抄像素"式临摹的最大区别，在于你涂上一块明暗调子的时候，不应该只是抄袭参考图片这个标准答案，而应该去考虑这个调子形成的原因 —— 最终被画上去的调子虽然可能依旧与参考非常接近，但你要确保它经过你的思考和推理。

　　Tips：有时，画面调子会以一种容易让你产生错觉的面貌出现，借用上图举一个例子：

请对比上图中的这两个区域的明度，仅凭视觉判断哪个明度会更亮：

A. 远处天空最亮的部分；

B. 主体建筑拱门边上的浅色区域。

揭晓答案：A 的明度比 B 更亮。

但大多数人的第一印象却总是 B 更亮，这是为什么呢？原因当然是由于衬托和对比。

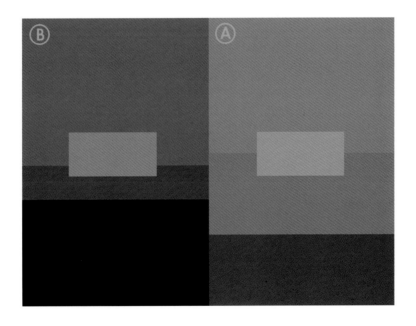

上图是简化过后的色块对比，B 色块被更多暗色所衬托，因此即便事实上 B 比 A 暗，感官上我们仍然会觉得 B 更亮。

类似这种明度判断上的错觉是很常见的，如果你只依赖眼睛，很容易就会犯错判明度的问题。假如我们在判断明度的时候，加入对光和结构的理解，情况就会变得大不一样：

B 虽然显得更亮，但事实上它仍然是一块处在暗部中的颜色，建筑的暗部主要受到环境和天空光的影响，而 A 正是天空这个光源中最亮的部分。

常识告诉我们，光源总是比被光源照射的表面更亮。虽然 B 靠近地面，容易受到来自地面的漫反射光的影响，但综合分析来看，还是不难做出 A 比 B 更亮的判断。

如果你经常进行这样的演习临摹，并勤于在过程中思考和验证的话，随着练习量的增加，你就会逐渐积累到大量的光影推理经验。这些经验将会是无障碍表达的助推器。

五、光影默写

经过理论学习和临摹、写生等实践之后，我们应该如何判断自己是否已经掌握了光影推理的技能呢？

最好的办法当然是光影默写。

在"光影推理的学习方法"中，我提到，如果你希望持续提升光影推理能力，你应该在具备一定的光影知识和演习临摹经验之后，给自己安排一些光影默写的作业任务，作为最终目标 —— 创作 —— 的过渡与衔接。

那么，默写练习相对于常规的临摹和创作，具有哪些优势呢？

（一）默写的优势

临摹和写生是很好的练习方法，但它们也存在一些难以克服的缺陷。

首先，当你掌握基本的观察和对比方法，并耐着性子苦练过一段时间之后，几乎毫无疑问，你一定可以解决如何把临摹或写生画得像这个问题。在整个学习阶段里，这是难度最低的部分了。

但是，能把临摹或写生画得像，并不代表你已经具备了光影推理的能力。我见过很多能顺利进行临摹作业的同学，一旦脱离参考，画出来的东西可以说是惨不忍睹的。事实上临摹并没有帮助他们解决自由表达的问题，他们所做的漂亮临摹，只不过是一场自娱自乐的拷贝行为而已。

为什么会这样呢？

因为你在临摹的时候，很容易在不经意间，被原作"带着走"，从而使本应该是模仿创作、致力于求知的演习变成了抄袭像素或人肉美化的行为。

而且，坏消息是，这种不经意是非常难以发觉和自控的。

创作呢？直接进行创作应该是最不容易被"带着走"的练习方式了吧？

综合创作确实是最考验实际塑造能力的一种方式。

然而，又是一个但是……

但是，综合创作的弊端在于，如果没有一个能力全面又实时在线的老师，随时指出你在塑造当中出现的问题，你在若干次创作里仍然有可能重复同样的毛病而并不自知。

通过综合创作的方式进行光影推理学习的弊端在于——难以验证练习成果。

并且，综合创作的质量并不仅仅由光影塑造决定，也取决于合理性、世界观、抽象构成、审美趣味等方面的因素。因此，从光影推理的单项针对性而言，练习效率并不一定会特别高。

默写可以弥补上述两种练习方式的缺憾。

默写的优势在于：一方面，它能使你在练习时保持独立思考，会就是会，不会就是不会。完全避免了被原作或原型带着走的可能性。同时，默写还能在测试中彻底暴露自己的知识短板，默写是一种非常诚实的练习方法。另一方面，它还能提供很理想的验证条件，你可以选择你特别熟悉的空间或物件作为默写对象。在结束练习之后，将自己的默写作业与原型做对比，检验自己对于该种氛围下的光影推理是否掌握到位。假如你会一些建模和渲染技巧的话，自检过程将会更加简便易行。

一旦你通过默写找到自己在光影塑造中常犯的毛病，就可以设计一些有针对性的专项训练来解决它，目标明确之后，练习效率也将会得到提高。

（二）光影默写的注意事项

光影默写作为一种难度较高的练习，本质上属于一种专项能力测试。既然是测试，就有适用情况、准备工作和需要留意的操作思路问题，在正式开始练习之前，我们需要先把这些问题搞明白。

1. 适用情况

光影默写主要是针对测试光影推理能力的一种练习方法。也就是说，它是一种关于"真实度"的测试，这个练习并不解决构成和审美的问题。假如你是为了改善设计能力，这个练习是帮不上什么忙的，它只解决塑造问题。

此外，再次强调，请确保你已经可以顺利地进行临摹和结构翻转练习了，这是你需要积累的最低限度的绘画经验。我个人很不建议你跳过这两块练习内容，否则，将可能导致你的默写练习出现底层错误，例如透视和结构方面的问题。而底层问题是无法通过纠正光影来解决的。

2. 准备工作

首先，你先得为你的默写练习准备一个原型或素材。我们应该以什么作为默写对象比较好呢？

初期的默写内容以较接近几何体的物件、室内或建筑为宜。人物和动物的表面形态十分复杂，且需要相当的解剖知识才可以驾驭，并不适合作为初学者的默写练习对象；自然环境（如森林、山脉等）由于不方便验证结构和透视关系，也不推荐作为初期默写对象。我个人比较推荐你默写一些日常工作或生活着的空间，这样的空间对于你来说是最熟悉的，而且练习完成之后，也方便观察和验证。

一般而言，比较小但内容丰富的场景是不错的选择。如小型的工作空间，咖啡厅的角落，家里的书房或卫生间，等等。麻雀虽小，五脏俱全。小型空间一样包含了几乎所有的光影表现因素，而且可以节约大量的绘画时间，自检和修改起来工作量也不算太大。

在本小节的案例中，我就以我自己的小工作间作为默写对象，它大概是下面这样的：

这就是一个很合适的默写对象，它满足了"小空间 + 内容丰富"的条件。

3. 操作思路

不少人对默写这种练习方法有些误解，最常见的误解是 ——"光影调子那么多，东西那么复杂，我怎样才能把看到的所有内容全都给记住，并原样画出来呢？"

我们又不是照相机，当然不可能100 % 原样复制所看到的内容，凭借记忆力去逐一记住细节是不现实的。事实上，默写的过程，更像是在进行人工的三维建模和渲染。让我们来分析一下默写某个物体所需要的条件：

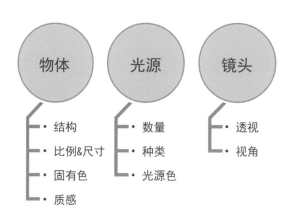

默写需要事先确定的条件主要是：物体、光源和镜头。

（1）物体

你需要对默写对象有足够的认知。这些认知包括物体或空间的形状和结构、具体的比例和尺寸、固有色以及质感。

其中值得一提的是，很多人在比例和尺寸的拿捏上总是非常敷衍。假如你从事的是设计工作，缺乏尺度感可是非常致命的问题。对于不熟悉的物件，我会通过查找资料甚至直接使用卷尺测量以得到它的尺寸信息。

如果你能够养成在生活中自觉关注物体比例尺寸的习惯的话，就能积累起包含大量尺寸信息的视觉经验，这些经验在你进行创作的时候是可以派上大用场的。

（2）光源

你还要确定光影默写所使用的光源。包括整个空间中一共有几个光源，每个光源的属性都是什么样的，面积是大的还是小的，光源的具体位置，等等。

（3）镜头

镜头就是摄像机的信息（或观察者眼睛的位置），包括摄像机的摆放位置以及视角的大小。

当我们充分了解了默写所需的相关条件之后，就可以把这些条件像三维软件一样组合在一起，然后利用光影推理的相关知识做出模拟渲染了，这就是默写的基本操作思路。

（三）光影默写 1——日光氛围下的小工作间

在默写之前，你可以像我一样，先用相机给默写对象拍一些照片，这些照片可以提供默写所需的物体形状结构、比例尺度和固有色（固有明度）信息。

然后就可以创建画布开始默写练习了。

开始绘图：

1. 打型起稿

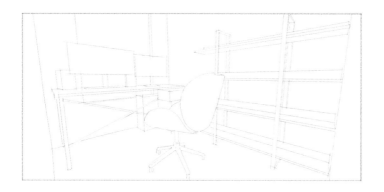

使用结构翻转和透视的相关知识，把物体在透视空间中的大致形态画出来，务必保证比例和透视关系基本正确。

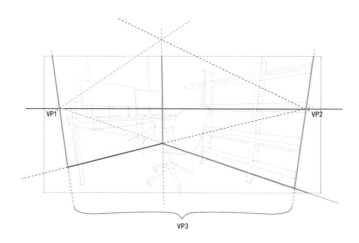

首先确定视平线位置，这将决定摄像机的基本朝向。我把视平线定得比较高，以确保大部分物体能够被纳入画面中。接着把三个消失点给定下来（房间的基本构造是一个方块），这样，其他的物体就有透视依据了，逐一将它们画出来，琐碎的物件可以在之后的步骤中直接绘制，这一步骤把空间和大物件的结构透视确定下来就可以了。

另外，如果你的目的仅仅在于练习光影推理的话，这一步也可以使用三维软件辅助建模，以确保大透视和结构不发生错误。

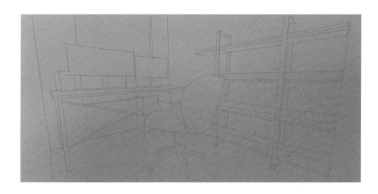

2. 处理天空光和整体漫反射 -1

这一步所铺的调子，是按"先大后小"的原则，由面积占比最大的墙面来确定的。

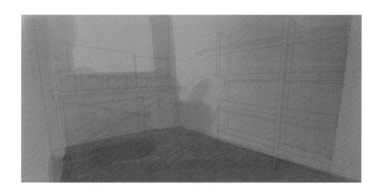

你不必过分纠结这个调子的明度是否绝对准确。因为当前只有一个调子，所以此时还谈不上明度关系。画上这个明度调子的操作，可以被认为是对整个画面调性（就是画面整体的亮暗程度）的一个尝试。

我没有选择特别暗的调子，因为墙面的固有明度是较亮的，并且窗户面积较大，在这种情况下，屋子里的直接光照和环境漫反射是不会太弱的。

3. 处理天空光和整体漫反射 -2

在这个光影模型中，墙面和地面占据了画面较大的面积，它们是环境漫反射的主要来源。因此，优先表现好墙面和地面的光影效果，有助于快速确定整体的光影气氛。

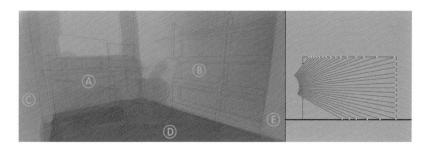

优先考虑对室内影响较大的天空光因素，对照右侧的立面图，我们可以推理出：

墙面 A 是不受天空光照射的，因此它在这几面墙中应该是最暗的；

墙面 B、C 受天空光直射，天空光不是平行光，所以墙面出现了"越到房间内部越暗"的渐变衰减特征；

墙面 E 的明度取决于它与窗户的距离，本案例中房间并不大，所以 E 墙面还是比较亮的；

地面 D 被画得比较暗的原因，是因为地面的固有明度比墙面要暗。

4. 处理天空光和整体漫反射 -3

处理完墙面与地面之后，把面积较大的其他物件也给画出来，此时要注意两个问题：

（1）由于房间中的环境漫反射较强，因此加入的物体需要表现出固有明度的差异；

（2）在空间中加入新物体之后，顺便把这些物体与环境所产生的漫反射阴影（闭塞）给画出来。

5. 处理天空光和整体漫反射 -4

继续添加房间中更小的物体。注意，新添加的这些物体，比如下图虚线框中书架上的物件，光影变化的总体逻辑也与墙面相同，同一固有明度的物体表面，离窗口近的略亮一些，离窗口远的略暗。

添加新物件的时候，仍然需要注意区分这些物体的固有明度并顺带画出闭塞效果。

处理闭塞效果的时候要注意：由于书架不同位置堆放的东西大小和数量都有差异，会导致各个闭塞区域呈现不同的明度调子，闭塞区域空间越狭窄，明度调子就越暗。看下图：

在图中 A、B、C 处进行取色，A 比 B 亮，是因为 B 处的闭塞区域更狭窄，A 处更开敞；C 比 B 亮，除了这个原因之外，也因为 C 离窗子更近，受天空光影响更明显。

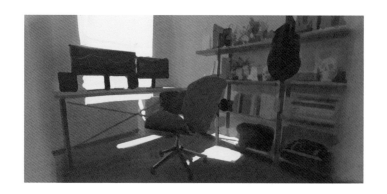

6. 处理阳光

在我的初期设想中，房间被阳光照到的面积并不大。阳光虽然亮，对于整个房间的影响却是有限的。因此可以放在天空光和整体漫反射之后再进行表现。

阳光的照射角度可以按自己的想法进行设定，估算或推算出阳光的照射区域（按光影模型解析章节所演示的方法）。把阳光照射到的区域的明度拉高，假如亮部面积不大的话，明度可以画得更亮一些，这样好给暗部留出更多的色阶表现空间。

画好阳光照射到的区域之后，眯起眼睛观察画面，要让亮部和暗部的对比显得更强一些，这样阳光的光感才能出来。

对比图 A 和图 B，你会发现虽然图 A 中亮的调子更多，但是光感却不如图 B 强，真实度也不如图 B。这是因为图 A 出现了初学者非常容易犯的一个错误 ——"把所有的明度对比都画得太强了"。在真实的光影里，处于暗部（即阳光没有照射到的区域）中的调子的对比，总是弱于亮暗之间的对比的。从构成规律角度看，画面中必须存在光感对比弱的部分，光感对比强的部分才能够得到衬托，从而使气氛变得更加吸引人。

另外，由于窗户可以被看作一个光源，在暂不考虑室外环境的情况下，可以先把它画得亮一些。

7. 添加细节，调整大关系 -1

一些对画面光影效果影响不大、却具有细节的物件，可以在默写后期逐一添加上去，如上图桌面上的台灯、麦克风等物件。

8. 添加细节，调整大关系 -2

在保持亮暗部为主要对比的前提下，我对略显沉闷单调的暗部区域进行了调整，提高了暗部的对比度。另外，此时可以开始表现一些由阳光照射而形成的局部反光效果。逐步把画面完成度提高起来。

对比 A、B 两图，感受暗部对比的调整对画面效果的影响。这些调整是基于构成需要，对画面中次要对比的节奏感进行调整的操作。

9. 添加细节，调整大关系，完成

最后，补充细节，处理主要物件的边缘和细小的光影对比。在整体检查完画面关系，确保没有光影表现因素被遗漏掉之后，结束这个默写练习。

（四）光影默写 2——灯光氛围下的小工作间

在这个案例中，我们仍然以小工作间为研究对象，做一个夜晚灯光氛围的光影默写。
开始绘图：

1. 确定调性，处理整体漫反射

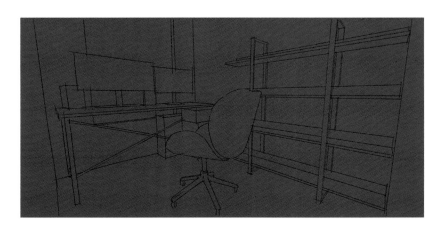

大多数情况下，夜晚与白天光影效果的差别，就在于夜晚气氛中的整体漫反射要弱很多。换句话说：夜晚中的物体，暗部相对来说得不到更多的光照，一般会显得更暗。因此，暗部中不同的固有明度差别，相对白天来说会变得更难以区分。

那么，我们可以先把画面的整体基调定得暗一些，基本思路是在作画过程中逐步提高亮部区域的明度。

2. 大体区分固有明度

在比较小的明度区间里，对不同固有明度的物体进行一个初步的区分。

3. 确定光源

台灯是目前这个房间中唯一的光源，也是唯一的直接照明，其余的间接照明都来自台灯光线照到环境表面之后产生的漫反射。所以，在处理其他明暗关系之前，可以先把光源的位置确定下来。

4. 处理灯光照射形成的墙面明度衰减

台灯的灯光可以被看作一个点状光源，与接近平行光的阳光相比，灯光光线的照射方向是发散性的，看下图：

观察下图中的立面图，由于台灯的顶部不发光，因此直接光照并不能影响台灯上方的空间（即便如此，基于整体漫反射的考虑，也不要把它画成完全的黑色），画面中面积较大的 A、B 两面墙呈现出了明度衰减的光照特征。

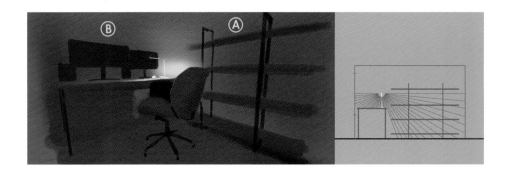

对比这一步骤和上一步骤，体会这两面墙的光影变化。

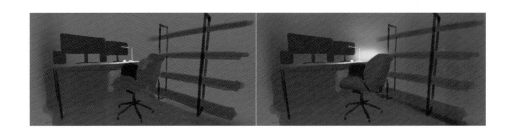

5. 处理灯光照射形成的地面光影效果

点状灯光所形成的投影与阳光是有很大区别的，看下图：

图 A 为阳光，图 B 为点状灯光，点状灯光的光线照射方向是发散的，因此过方形各个角点后投射到地面产生的阴影面积相对较大。

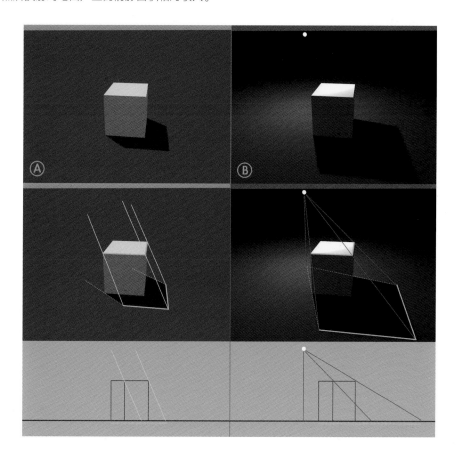

观察下图中的立面图，台灯的光线被桌面遮挡，在地面形成亮部和暗部（桌面在地上的投影），注意标示了黄色线条的亮部区域，要画出明度上的衰减。

6. 添加面积较小的物件

在妥善处理大空间和大物件的光影效果之后，把面积较小的物件也给画上去。仍需注意三个要点：表现出物件的固有明度差异；表现出距离光源远近而产生的明度衰减；按空间狭窄程度表现出闭塞中明度不同的漫反射阴影。

7. 增加细节，处理暗部明度对比关系 -1

把桌子底下地面与墙面的固有明度差别画出来，同时也得考虑闭塞因素。调整暗部明度的抽象对比关系，逐渐把物件边缘整理干净。

8. 增加细节，处理暗部明度对比关系 -2

画好两侧墙面上桌子和书架的投影，由于台灯是小光源，物体受到光线直射后投在墙面上的投影应该具有比较清晰的投影边界。

9. 添加细节，调整大关系，完成

曲线工具整体调整画面明度和对比度关系，检查画面各种光影表现因素，完成默写练习。

（五）光影默写经验总结

光影默写的行为，实际上就是利用学到的光影知识，模仿真实世界中光线在物体表面的反射现象。掌握光影默写技能，可以让你在创作中游刃有余地塑造物体，从而能够腾出更多的精力用到更重要的方面（比如处理设计或构成问题上）。

除了理解原理和耐心的练习，下面这些经验对于光影默写的进步也会有些帮助。

1. 养成用光影推理思维观察事物的习惯

创造对掌握一项技艺最有利的学习氛围的方法，就是让自己沉浸在那种技艺的思维方式和观察习惯中。

例如，你想要学好人体动态。那么无论是你走在路上或是吃饭的时候，甚至在看电影的过程当中，你都应该更刻意地去观察现实或屏幕中角色的人体动态。观察脊柱的扭曲和躯干体块朝向的变化，体会人体重心的偏移和四肢的平衡……在刻意观察中获得的感受，会潜移默化地体现在你的画面表现里。

光影推理的学习也同理。在生活中，观察不同的光影氛围里的明度对比，感受并理解形成特定光影氛围的原因。你甚至可以在大脑里模拟这些调子逐渐呈现的过程，就像默写一样，想一想，如果自己默写的正是这样的环境，你将会以怎样的方法和秩序表现这些调子。

你越是能够沉浸于这样的观察，越是能养成这种观察习惯，你的光影推理技能的进步就会越快。

2. 光影观察、分析和表现的逻辑要保持一致

在前文"光影推理的逻辑和步骤"中，我列出了两条基本逻辑：

（1）先处理（或考虑）影响范围大的，再处理（或考虑）影响范围小的；

（2）先处理（或考虑）对比强烈的，再处理（或考虑）对比微妙的。

你应该让这两条逻辑完全一致地体现在你对光影的观察、分析和表现上，具体来说：

在你观察光影的时候 —— 优先观察光影模型中影响最大的光源或固有明度，优先观察对比最强烈的光影关系；

在你分析光影的时候 —— 优先分析最大光源或固有明度的影响，优先分析最强的光影对比关系；

表现的时候也是一样，无论是临摹、默写还是创作，优先表现最大的光源和面积占比最大的固有明度所形成的明度调子，优先表现对比最强的明度关系。

如果你能在观察、分析和表现中坚持执行这两个"优先"，你就能最大限度地把握好光影氛围的整体关系，也就是很好地控制住光影的大效果，这将决定后续深化表现的质量。

3. 找到验证光影推理的方法，分析、反思并改进你的默写练习

当你进行了一次光影推理的默写练习之后，千万不要不假思索地开始画另一张。机械的重复练习是低效的，你必须通过某种方法发现自己练习中存在的问题。

假如有一对一的老师或更有经验的画友，能给你一些针对性的指导，那当然最好。但即便没有，也还是存在其他可以验证默写练习的方法。

我自己的方法是 —— 分别学一款三维建模软件和一款渲染器，利用机器做自我验证。

我个人比较推荐 SketchUp。这个软件组合的上手门槛非常低，操作也不复杂，虽然无法制作特别复杂的精细模型，对于提供我们所需的验证功能来说，已经可以满足使用了。（本书中大部分的 3D 渲染示意图，也都是使用这个软件组合制作的）

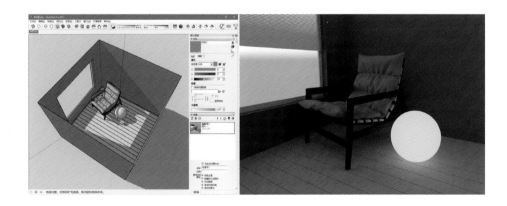

上图即是通过 Sketchup 建模，配合 Vray 渲染器得到的光影结果。

通过简单的几何体块建模渲染，我们将渲染结果与自己做的光影推理作对比，就能很直观地发现自己是否遗漏了某些光影表现因素，或者错误地预估了某些光影表现因素的强度。

对照软件的渲染结果，接下来，你要找到自己在光影推理中出现错误的原因，这些原因很可能是多方面的，比如：

没表达好与光线照射角度不同的表面在明度上的差异；

错误估计了反光的强度；

没有考虑到某些重要的闭塞（漫反射阴影）的表现；

在有充足光照的区域，没有表现出不同的固有明度之间的差异；

对于某些固有明度偏低的表面，你使用了太亮的调子；

……

以上这些都是初学者多发的问题，通过理论知识，找到出现这些问题的原因，你就能在下一次的默写练习中获得进步。

Tips：软件虽然可以精确地计算光影效果，但我们确实没有必要视这个渲染结果为唯一正确的标准答案。我们只是借助它来发现自己疏于发现的问题而已。何况，在前面的章节中我已经提到，只要光影调子的相对关系正确，也就足以表现空间感、体积感以及特定的气氛了，没有必要使自己对光影的推算达到渲染器的程度，那是不太理智的行为。

看一些我在自学初期做的默写练习。

虽然看上去似乎还不错，但对比现实照片，你会发现差距还是挺大。

　　我想说的是：要做到绝对准确的真实是几乎不可能的，但追求"有依据的光影对比"的努力过程，已经能使你获得相当可观的进步了。

　　在足够理性地反思之后，你需要开始新的一次默写，来验证自己的反思是否改善了先前存在的问题——当然，别急于求成，一些问题往往需要多次练习才能变得明显更好。

　　"尝试—验证—改进—尝试"的这个循环的学习过程，就是我在本书第1章中描述的"可以不断查缺补漏"的练习方式。这样的刻意训练在进步效率上，比糊里糊涂埋头苦画要高明多了。

第6章
黑白分阶

我们知道，光影默写本质上，就是利用"光影"对构思中的物体做出体积感和空间感的塑造。那么，是否学会了光影默写，就等于学会创作了呢？

并不是这样的。

一个完整的写实风格的创作，不仅需要可信的光影塑造，也离不开构成知识（参考本书"审美与构成"章节）。

换句话说，我们在创作中所要达成的目标之一是：利用光影条件创造一个好的构成形式。

而黑白分阶正是达成这个目标最有效率的训练手段。

一、黑白分阶图的意义

观察 A、B 两图：

图 A 是一张插画完稿去色后的样子，你可以把它视为这个创作的光影表达；

图 B 就是这个创作的黑白分阶图。

A、B 两图之间有什么关联呢？

通过观察，我们可以发现，图 A 有着层次丰富的光影表现和构成分割，而图 B 仅使用了黑、白两个明度阶，却仍能表达出画面的基本光照氛围和构成衬托关系 —— 图 B 与图 A 相比，只是舍弃了对"次要对比或弱对比"的进一步区分。

于是，我们可以反推出黑白分阶章节的学习目标：

黑白分阶图应该使用尽可能少的明度阶（通常控制色阶数量在5个以内）；

黑白分阶图应该在表现出画面光照氛围的同时，表达好构成上的衬托关系。

黑白分阶图的意义是什么？

在创作的初期，如果能够先画出黑白分阶图，我们就可以比较轻易地对这个创作做一个大体评估——判断画面的总体光影气氛和构成分割是否能够满足我们对具体内容的表达。这将有效地降低"深入刻画之后，发现大效果并不如意，不得不全面返工"的风险。

总之，黑白分阶图可以将画面潜在的问题暴露在创作的早期阶段，使你更有效率地去改善它们，从而提升创作的成功率。

二、黑白分阶的基础知识

（一）重点在于最强的对比

黑白分阶图的重点，在于抓住最强的明度调子的对比。

我们知道明度调子的对比主要取决于两个因素，一是光照形成的亮部与暗部的明度对比；二是物体表面不同固有色之间的明度对比。综合考量这两个因素，才能对画面做出合理的黑白分阶。

观察下面的四组图片，它们由不同的光照条件和固有明度设定而形成，左列为原图，右列为黑白分阶图：

在右列黑白分阶图中，我对原图中最强的明度对比做了归纳和概括，同时，舍弃了相对次要的弱对比。假如你眯起眼睛观察图像概况，就会发现两列图像仍然存在相当程度的相似性。

注意，上图中"被保留的强对比"与"被舍弃的弱对比"正是我们在创作时借以构建抽象构成关系的素材。

图 A 中，前景角色的轮廓之所以能够得到识别，正是由于他身后处于亮部的墙面的衬托。从某种意义上看，这面墙就是利用光影条件创造的一个构成形式。

（二）利用光影条件创造对比关系

在创作中，我们往往有着这样的需求：希望观众特别关注（或不要太关注）画面中的某个部分。这个时候，我们就要有意识地运用光影条件，来创造画面构成所需的各种不同强度的对比关系。

看下图：

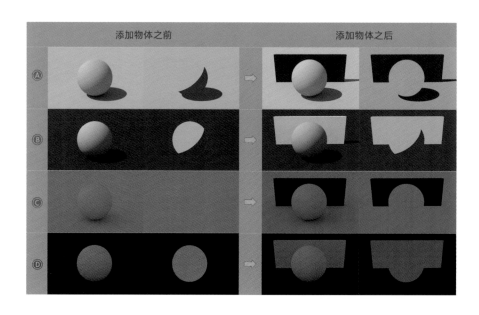

观察右侧的图，我在图中球体的后方添加了一个方块，方块的添加改变了画面的构成衬托关系，例如：

此前处于弱对比的部分（箭头所指处），可以由于方块的衬托而转变为强对比，从而提升观众对此处信息的关注度。

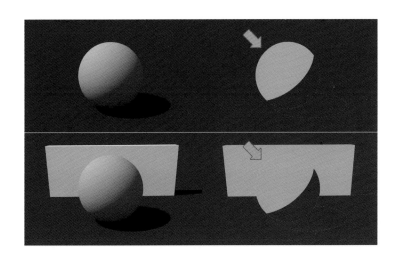

此前处于强对比的部分，也可以由于方块的衬托转变为弱对比，从而降低观众对此处信息的关注度。

这就是利用光影条件创造特定的构成形式，进而引导观众按我们所希望的方式体验画面节奏感的秘诀所在。

三、黑白分阶的画面分析

在我们把黑白分阶图运用到创作上之前，可以先尝试使用它对现成的图像做分析。对现有画面的图像分析将让你更快地掌握黑白分阶这项技术，并且，在这个过程中，你也将收获许多构成设计方面的宝贵经验，这些经验很多都是直接可以被应用在创作里面的。

看下图：

这是一张高空跳伞的照片。我们从图中可以看到无数的明度阶，包括不同材质表面的固有明度、每个物体受光或处于阴影中所形成的明度差异，以及空气透视和光照衰减带来的明度渐变。

对于使用黑白分阶来分析画面，最重要的任务就是简化色阶。

简化色阶，可以看作"忽略面积或影响力太小的色块，把多数明度接近的色阶归纳到一起，从而以极有限的明度阶对画面进行概括"的操作。

下面我们分步骤来理解这个概括过程。

首先，主动忽略过于细碎的色块。这些细节对于整体画面关系来说是无关痛痒的，不要让它们干扰你对画面底层结构的认知。可以看到，图 B 仅仅保留了大面积的完整的色块，以及部分的明度渐变，却依然保持了画面的基本构成关系。

继续概括，天空的渐变并不是画面中的主要对比，所以我们可以将天空直接概括为一个色块，云和道路概括为另一个色块；

B 图中飞机内部的明度对比也是次要对比，也可以被完整地概括为一个色块；

跳伞的士兵是这个画面的主体，因此要保留天空对他的明度衬托，简化空中士兵的色阶为一个色块。

另外，在概括明度阶的时候，可以顺带把形状也给简化一下，使它偏向易于认知的几何图形的感觉，这会更有助于你从抽象层面感受画面构成。

经过上述步骤，我们就把原图概括为简明的黑白分阶图了。从黑白分阶图中可以更直观地看到，画面本质上是由 A、B、C 三个层次组成的。不仅如此，理解各个层次之间的衬托关系也变得更容易了。

Tips：一个初学者容易陷入的误区 —— 所谓"黑白分阶"，黑指的是暗部，白指的是亮部，是这样的吗？

不是这样的，黑白分阶中的黑白，指的是画面抽象层次上的明度区分。光照模型中的亮部和暗部虽然有可能形成抽象上的黑和白，但黑白分阶并不仅仅由物体的亮暗部区分决定。

举例：

上图中的黑白分阶确实由光照所产生的亮部和暗部所形成。

而这幅美国画家萨金特的作品，经过黑白分阶处理之后，能看出黑白的区分并不完全由亮暗部决定，其中也包含了固有明度等因素。

因此，在分析和创造黑白分阶图的时候，优先从构成的衬托关系着手总是更靠谱的。先观察和考虑画面的主体是什么，确定画面其他部分对主体的衬托关系之后，再渐次展开次要部分的明度分阶安排，就会更有的放矢。

四、黑白分阶的创作应用

（一）室外篇

室外场景的黑白分阶设计通常比室内的要更简单一些。

多数情况下，室外场景的空间尺度总是更大，因此空气透视带来的"近暗远亮"的明度规律会体现得格外明显，这样的明度规律很容易被应用在黑白分阶图的层次区分中。

观察上图，感受因空气透视形成的明度变化，以及随之产生的画面层次区分。

上图是我的一个私人练习，我们来分析一下黑白分阶图在这幅室外场景作品的创作过程中，究竟起到了什么作用。

这是我在创作初期为这幅画做的一个黑白分阶图。

Tips：这个黑白分阶图与最终完成图看起来略有差异，因为正式作画的时候做了一些调整，但基本构成关系继承下来了，可以先忽略局部差异问题。

首先，利用前面所说的"近暗远亮"的明度规律，先把空间层次划分出来。

上图中的 B 层次距离我们更远，因此 B 层次相对 A 层次来说可以被画得更亮一些。这样，我们就能通过空气透视形成的明度变化，快速获得画面的基本层次和空间感。

接着，开始考虑画面的主体衬托关系。

在初期的构思中，画面的主体是近景跪着的角色与主骆驼上的球体。对应完成图可以看到，我用浅色的天空衬托了暗色的球体。

用四周固有明度偏暗的物体衬托了穿白衣的近景角色。

如果我让球体的固有明度是白色，让近景角色身着黑衣的话，上述衬托效果都将会大打折扣。

画面其余的次要关系，则利用空气透视、接近的固有色或同处于暗部等方法使它们的明度更加接近，减少层次区分，从而不显得过分吸引眼球。

（二）室内篇

相比室外，空间尺度相对较小的室内，更多是依靠设置固有明度和亮暗部的光影差异来形成画面层次。

这是一个典型的室内场景。在这个创作中，我主要希望表现右边的两个角色和床上被害者这对关系，下面是这张图的黑白分阶图。

如图所示，使用三个明度阶即可表达出画面总体的构成关系。

用窗子和固有明度较亮的墙壁，来衬托处于逆光下穿戴着黑衣黑帽的侦探。

用床边的角色和深色床板衬托了白色床单和被害者。

　　画面中存在被强调的部分，就一定也存在需要削弱的部分。比如，左侧的角色虽然处于近景，但他并非重点，因此需要削弱观众对他的关注，那么使这个角色的明度调子与远处处于阴影里的深色墙面融合在一起即可。

无论是室内还是室外场景，在使用黑白分阶图对自己的想法进行推敲之后，你就会更明确在后续流程中，应该更多着墨表现哪一部分，应该更节制地表现哪一部分——黑白分阶图给你的后续表现划定了一个安全区域，在不破坏画面基础构成的情况下，你将可以得到更自由的表现空间。

五、黑白分阶经验总结

掌握黑白分阶图的画法，可以让你在最短的时间内，用少量的明度调子表现出作品在光影和构成上的综合效果。经常做黑白分阶练习，不仅能强化对复杂图像的概括能力，也能让你在创作初期就判断出自己构思的画面是否可行。

下面是一些关于黑白分阶图的个人学习经验，留意这些要点将使你的学习效率变得更高。

我们在日常生活中可以看到各种各样的图像，这些图像可能存在于现实当中，也可能来源于书籍、电影、电视、游戏或别人的作品里。在看到这些图像的时候，你应该主动观察它们的黑白分阶形式，以求从中获得更多创造黑白分阶图的经验。

在观察图像的时候，你可以问自己以下这些问题：

什么才是应该保留到最后的衬托关系？有没有更好的衬托手法？

在黑白分阶图中，次要的对比可以被主观忽略。但主要的衬托关系和对比，却必须被保留甚至加以强化。

你可以问自己：

这个画面经过层层概括之后，什么才是应该保留到最后的衬托关系？

目前这个图像是如何对主体进行衬托的？

假如这是我自己的作品，我能否找到其他更好的衬托方案呢？

目前的层次关系是怎么样的？有没有其他的办法能丰富层次关系？

除了主体的衬托之外，多数情况下，一个成功的画面仍需要丰富的层次关系。

你可以问自己：

假如只使用若干个明度调子，应该怎样组织起这个画面的层次关系？

目前图像中的层次关系是怎样形成的？是由空气透视带来的？还是由固有色的区别带来的？

是不是有其他更好的方法来丰富层次呢？

对于"更好的方法"的探索总是可以让你获得更多的进步。在思考过这些问题之后，你甚至可以亲自动手改善现有图像的衬托和层次关系。具体操作思路可以参考本书"审美与构成"章节中的"构成关系的调节技巧"，配合黑白分阶的知识就可以对现有的画面做出优化了。这种练习也可以看作黑白分阶控制力的一种检测方法。